FORSCHUNGSBERICHTE DES LANDES NORDRHEIN-WESTFALEN

Nr. 2101

Herausgegeben im Auftrage des Ministerpräsidenten Heinz Kühn
von Staatssekretär Professor Dr. h. c. Dr. E. h. Leo Brandt

Dipl.-Ing Oskar Becker

Institut für textile Meßtechnik M. Gladbach e. V.

Die Messung des zeitlichen Temperaturverlaufes in Gewebebahnen während einer Heißbehandlung

Springer Fachmedien Wiesbaden GmbH 1970

ISBN 978-3-663-20118-2   ISBN 978-3-663-20479-4 (eBook)
DOI 10.1007/978-3-663-20479-4

Verlags-Nr. 012101

© 1970 by Springer Fachmedien Wiesbaden

Ursprünglich erschienen bei Westdeutscher Verlag GmbH, Köln und Opladen 1970.

Inhalt

1. Vorwort 5
2. Einleitung 5
   - 2.1 Grundsätzliches zur Warentemperatur 6
   - 2.2 Möglichkeiten der Temperaturmessung 7
   - 2.3 Die verschiedenen Temperaturfühler 8
   - 2.4 Auswahl des geeigneten Meßfühlers 10
   - 2.4.1 Einige Eigenschaften von Thermoelementen 10
3. Das Meßverfahren 11
   - 3.1 Die verwendeten Meßgeräte 12
   - 3.1.1 Warenbahn 12
   - 3.1.2 Thermoelemente 13
   - 3.1.3 Steckverbindung 14
   - 3.1.4 Ausgleichsleitung 15
   - 3.1.5 Temperaturvergleichsstelle 15
   - 3.1.6 Prüfschaltung 16
   - 3.1.7 Kompensatoren 16
   - 3.1.8 Registriergeräte 17
   - 3.1.9 Zusammenbau der Meßeinrichtung 17
   - 3.2 Meßtechnische Eigenschaften des Verfahrens und der Apparatur 18
   - 3.2.1 Fehler der Thermoelemente 18
   - 3.2.2 Durch die Stecker bewirkte Fehler 19
   - 3.2.3 Vergleichsstellenfehler 20
   - 3.2.4 Kompensationsfehler 20
   - 3.2.5 Tintenschreiberfehler 21
   - 3.2.6 Zeitverhalten der Thermometer 21
   - 3.2.7 Zeitliche Fehler 24
   - 3.2.8 Gesamtfehler der Anlage 25
4. Versuchsdurchführung 26
5. Spannrahmen, an denen gemessen wurde 27
6. Meßergebnisse 28
7. Auswertung der Diagramme 31
   - 7.1 Die subjektive Diagrammauswertung 31
   - 7.2 Die objektive Diagrammauswertung 33
8. Zusammenfassung 37
9. Literaturverzeichnis 37

Anhang 38

1. Vorwort

Der Vorschlag, die Temperaturen in Spannrahmen ins einzelne gehend zu messen, wurde erstmals im November des Jahres 1960 von Herrn Dr.-Ing. W. STOCKHAUSEN in Firma Minhorst & Schultes, Krefeld, an das ITM herangetragen, nachdem seine Firma bereits vorher Versuche in dieser Richtung in Zusammenarbeit mit den Farbwerken Hoechst vorgenommen hatte.

Der Gesamtverband der Deutschen Textilveredelungs-Industrie befürwortete den Plan eines Forschungsvorhabens über die Temperaturmessung an laufenden Geweben im Trockenspannrahmen im März 1961; im Mai 1961 erfolgte eine Befürwortung durch das Forschungskuratorium Gesamttextil, so daß im Oktober 1961 ein Finanzierungsantrag beim Landesamt für Forschung des Landes NRW gestellt werden konnte. Im Juni 1962 erfolgte die Bewilligung eines Zuschusses.

Nach Vorversuchen und Beschaffung der erforderlichen Geräte mußten die meßtechnischen Eigenschaften der erstellten Anlage erprobt werden, anschließend konnten Versuche in Ausrüstungsbetrieben beginnen. Das Institut fand dabei großzügige Unterstützung seitens einer ganzen Reihe von Unternehmen der Textil-Ausrüstungsbranche. Es konnten insgesamt über 300 einzelne Messungen vorgenommen werden, die einerseits in vielen Fällen zur Umänderung und Verbesserung der getesteten Maschine führten, andererseits aber auch eine Optimierung der Meßeinrichtung und des Verfahrens ermöglichten.

Das Institut für textile Meßtechnik und der Verfasser danken dem Landesamt für Forschung des Landes Nordrhein-Westfalen für die Bewilligung des Zuschusses, den genannten Fachverbänden für ihre Befürwortung und den beteiligten Firmen für die gewährte Unterstützung. Ganz besonderer Dank gebührt dem inzwischen leider verstorbenen Herrn Dr.-Ing. STOMMEL, der sehr viel zum erfolgreichen Verlauf des Vorhabens beigetragen hat.

Allen beteiligten Mitarbeitern des Instituts für textile Meßtechnik M.Gladbach e.V. sei ebenfalls für ihre Hilfe gedankt.

2. Einleitung

Die im Rohzustand aus den Herstellungsbetrieben kommenden textilen Flächengebilde müssen im Zuge der Weiterverarbeitung einer vielfältigen Behandlung unterzogen werden. Viele der dabei ablaufenden Prozesse vollziehen sich bei erhöhter Temperatur. Das Flächengebilde, im folgenden kurz Ware genannt, durchläuft dabei eine geeignete Maschine und wird erwärmt. Insbesondere bei Trocknungs-, Thermofixierungs-, Kondensations- und Thermosolierungsprozessen, bei Vorgängen also, bei welchen die Ware in ausgebreitetem Zustand der Wärmeeinwirkung ausgesetzt wird, erwartet man, daß sich sowohl das Aufheizen der Warenbahn in den einzelnen Zonen der Behandlungsmaschine wie auch der anschließende Abkühlungsvorgang geregelt abspielt, das heißt, daß die Bahn über ihre ganze Breite an jeder Stelle der Maschine das gleiche Temperaturniveau erreicht. Die Nichteinhaltung dieser Forderung kann zu erheblichen

Störungen im Ablauf der Prozesse führen und verursacht oft nur schwer zu behebende Mängel am Fertigprodukt. Beim Trocknen kommt es beispielsweise vor, daß die eine Seite der Warenbahn längere Zeit einer höheren Temperatur ausgesetzt war als die andere und hierdurch stark übertrocknet ist, während andererseits unter Umständen noch keine volle Austrocknung erzielt wurde. Solche Unterschiede wirken sich dann als Verschiebungen in der Fadenlage und als schiefe Gewebebahn aus. Beim Thermofixieren kann unter diesen Umständen leicht ein einseitiges Über- oder Unterfixieren auftreten. Besonders anfällig gegen unterschiedliche Temperaturen in der Warenbahn ist der Thermosoliervorgang, bei dem aufgeklotzte Farbstoffe zu Färbungen entwickelt werden. Schon kleine Differenzen der Temperatur in der Ware können sich in einem unterschiedlichen und ungleichen Farbausfall, Kantenabläufen und ähnlichem auswirken.

Die Kontrolle des Aufheizvorganges einer Warenbahn, die im ausgebreiteten Zustand eine Maschine – in den meisten Fällen wird es sich um Spannrahmen handeln – durchläuft, sollte ermöglicht werden. Es ist notwendig, eine dafür geeignete Meßeinrichtung zu entwickeln. Sie muß es gestatten, an einer Warenbahn, welche beim Durchlauf durch verschiedene Aggregate einer Heizbehandlung unterzogen wird, die jeweils herrschenden Temperaturen zu messen und zu registrieren. Hierbei soll zunächst eine Beschränkung auf die trockene Wärmeeinwirkung erfolgen, die insbesondere beim Thermosolierungsvorgang und beim Thermofixieren zur Anwendung kommt.

2.1 Grundsätzliches zur Warentemperatur

Die Ware, die beispielsweise einen Spannrahmen durchläuft, ist ein Gebilde endlicher Dicke. Sie tritt in den Heiztunnel der Maschine ein, wird dort von strömender heißer Luft durch Wärmeübergang und von den umgebenden erwärmten Maschinenteilen sowie eventuell speziellen Strahlungsheizkörpern durch Strahlung erwärmt. Sowohl die Strahlungswärme wie die Leitungswärme wirkt zunächst nur auf die Gewebeoberfläche ein, wodurch hier die Temperatur ansteigt. Durch Wärmeleitung im Innern der Ware erfolgt dann das Aufheizen des Textilmaterials, so daß sich auch hier eine erhöhte Temperatur einstellt. Der geschilderte Prozeß verliert dadurch an Übersichtlichkeit, daß die Warenbahn kein homogenes Gebilde ist, sondern aus Fasern mit dazwischenliegenden größeren oder kleineren Luftmengen gebildet wird. Es kann also, je nach den Luftdruckverhältnissen in der Nähe der Ware, zu Luftströmungen bis in das Innere des Gewebes hinein und unter Umständen durch das Gewebe hindurch kommen. Im mikroskopischen Bereich jedoch, das heißt bei Betrachtung jeder einzelnen Faser innerhalb derer sich ja die Vorgänge abspielen, um deretwillen die Wärmebehandlung vorgenommen wird, erfolgt das Aufheizen stets von der Faseroberfläche ausgehend in das Faserinnere hinein. Entsprechend, in entgegengesetzter Reihenfolge, läuft die Abkühlung. Beide Vorgänge benötigen Zeit, so daß stets damit zu rechnen ist, daß die Temperatur der Ware der Temperatur des Maschineninnern nacheilt.

Nach dem Vorhergesagten wird es erforderlich sein, die Aufgabe der Messung einer Warentemperatur im Spannrahmen näher zu erläutern, da es offensichtlich nicht gleichgültig ist, an welcher Stelle der Ware die Temperatur bestimmt wird. Durch den Wärmeeinfluß beim Thermofixieren und beim Thermosolieren sollen physikalische bzw. chemische Vorgänge in der Faser selbst bewirkt werden. Die Temperaturmessung müßte aus diesem Grunde eigentlich im Inneren einer einzelnen Faser erfolgen. Logischerweise ist das nicht möglich, da die Größe auch der kleinsten praktisch verwendbaren Meßfühler die Faserabmessungen weit übersteigt und jedes Thermometer aus meßtechnischen Gründen klein gegenüber dem Objekt sein sollte, dessen Temperatur zu bestimmen ist. Ähnliche Verhältnisse sind im Wareninnern gegeben. Hier wird es, infolge des inhomogenen Aufbaues, kaum möglich sein, Meßfühler so anzuordnen, daß sie einem repräsentativen Bereich des Wareninnern zugeordnet werden können. Es ist demnach nicht möglich, eine exakte Temperaturbestimmung genau an den Stellen vorzunehmen, an welchen die Wärme ihre physikalische bzw. chemische Wirkung vollziehen soll.

Nach dem in der Einleitung Gesagten sind Störungen im Ablauf des Veredelungsprozesses und fehlerhafte Ergebnisse insbesondere dann zu erwarten, wenn die Wärmeeinwirkung an allen Stellen einer Gewebebahn nicht vollkommen gleichmäßig war, das heißt, wenn es Gebiete der Ware gibt, in denen eine höhere oder niedrigere Temperatur geherrscht hat als in anderen Bereichen. Unter der Voraussetzung, daß die Ware selbst gleichmäßig ist, das heißt, daß sie in allen ihren Teilen den gleichen Temperaturzustand annimmt, sobald diese identischen Erwärmungseinflüssen ausgesetzt werden, ist es nicht mehr erforderlich, die tatsächlich im Wareninnern – bzw. im Faserinnern – erreichte Temperatur festzustellen, sondern es genügt, eine charakteristische Temperatur an der Ware oder in der Nähe der Ware zu messen. Sollte diese an allen Stellen der zu untersuchenden Maschine den gleichen Wert haben, so darf angenommen werden, daß auch die Ware überall auf den gleichen Temperaturwert erwärmt werden wird, daß also die angestrebten Vorgänge überall gleichmäßig ablaufen. Es ist demnach ausreichend, die Temperatur der Warenoberfläche an allen Stellen innerhalb der Maschine zu bestimmen oder die Temperatur der Heizluft in der Nähe der Warenoberfläche. In diesem Fall muß jedoch der Strahlungseinfluß aus den umgebenden Bereichen der Maschine und eventuell der Strahlungsheizkörper gebührend berücksichtigt werden.

2.2 Möglichkeiten der Temperaturmessung

Die Messung der Lufttemperatur in Warennähe ist mit relativ einfachen Mitteln möglich, wobei eine Reihe verschiedener Anordnungen gewählt werden kann:
1. Die Messung kann stichprobenweise an verschiedenen Stellen des Maschineninnern erfolgen. Dieses Verfahren ist durchaus üblich und wird von den Maschinenherstellern zum Zwecke der Temperaturkontrolle und der Regelung angewendet. Die Maschine ist aus konstruktiven Gründen häufig in einzelne Bereiche, Felder genannt, unterteilt, und in jedem Feld wird eine Meßstelle angebracht, wobei die Anordnung bezüglich ihrer Lage über oder unter der Warenbahn bzw. links und rechts in der Maschine variiert. Naturgemäß läßt sich mit dieser Anordnung ein genügend vollständiger Überblick über die Temperaturverhältnisse im Spannrahmen nicht erreichen. Sie ist jedoch durchaus brauchbar, wenn die Temperaturverteilung im Maschineninnern an sich bekannt ist, beispielsweise nach der dieser Arbeit zugrundeliegenden Methode ermittelt wurde, und die erwähnten Meßstellen nur zur Kontrolle der Funktion der Heiz- und Ventilationseinrichtungen und zu Regelzwecken dienen sollen.
2. Einen erheblich besseren Überblick über die Temperaturverhältnisse im Spannrahmen ergibt die punktweise Abtastung. Hierbei wird derselbe Meßfühler nacheinander an möglichst vielen Stellen des Rahmeninneren angebracht. Aus der Gesamtheit der Meßergebnisse läßt sich dann ein Schaubild der Temperaturverteilung im Rahmen ermitteln, das jedoch zeitliche Veränderungen nicht erfaßt.
3. Das Ergebnis der punktweisen Ausmessung läßt sich verbessern, wenn die Meßorte nicht nacheinander abgetastet werden, sondern die Messung an vielen Stellen des Rahmeninnern gleichzeitig erfolgt. Neben der örtlichen Temperaturverteilung kann dann auch festgestellt werden, ob sich die Temperaturen mit der Zeit verändern. Diese

erhöhte Information wird allerdings durch einen vermehrten Geräteaufwand erkauft, der sich in tragbaren Grenzen halten läßt, wenn nicht zu jedem Meßpunkt ein registrierendes Temperaturmeßgerät gehört, sondern eine große Anzahl von Meßfühlern im Rahmen angeordnet ist und diese, allerdings in schneller Folge, nacheinander von einem registrierenden Temperaturmeßgerät abgefragt werden.

4. Eine gewisse Variante der vorgenannten Meßmöglichkeiten wird realisiert, wenn einige Temperaturmeßstellen im Rahmen beweglich angeordnet werden. Dann kann eine sehr engmaschige Ausmessung des Rahmeninnern erfolgen. Voraussetzung ist allerdings, daß die Trägheit der Meßeinrichtung und ihre Bewegungsgeschwindigkeit im Rahmen so aufeinander abgestimmt werden, daß die Meßfehler in tragbaren Grenzen bleiben.

Das zuletzt beschriebene Verfahren wurde zur Lösung der diesem Vorhaben zugrundeliegenden Aufgabe eingesetzt. Es wurden fünf Thermometer parallel zueinander durch die ganze Länge des Spannrahmens geführt und ihre Temperatur registriert.

2.3 Die verschiedenen Temperaturfühler

Jeder Temperaturfühler, der zum Zwecke der Temperaturmessung in ein Temperaturfeld gebracht wird, stellt dort einen Fremdkörper dar. Er stört durch seine Anwesenheit das auszumessende Temperaturfeld, weil er diesem entweder Wärme entzieht oder Wärme an dasselbe abgibt. Ein solcher Wärmeaustausch erfordert Zeit, die Anzeige der Temperatur am Thermometer erfolgt deshalb mit Verzögerung. Nach den Mischungsgesetzen der Thermodynamik stellt sich eine neue Temperatur ein. Die eigentliche Messung darf erst dann vorgenommen werden, wenn der Wärmeausgleich vollendet ist. Die Geschwindigkeit jedes Wärmetransportes ist vom Temperaturgefälle abhängig. Wenn bei Ausgleichsvorgängen die Temperaturdifferenz abnimmt, verkleinern sich die in der Zeiteinheit ausgetauschten Wärmemengen. Aus diesem Grunde kann die vollkommene Temperaturgleichheit ursprünglich verschieden warmer Körper theoretisch erst in unendlich ferner Zeit erreicht sein. Bei Temperaturmessungen muß aus diesem Grunde also stets eine geringe Abweichung in Kauf genommen werden. Die Ablesung eines Thermometers darf stets erst geraume Zeit nach dem Beginn der Messung erfolgen. Vorteilhaft ist es, wenn die auszutauschende Wärmemenge sehr klein gegenüber der insgesamt verfügbaren ist. Anderenfalls würde sich eine Temperatur einstellen, die zwischen der ursprünglichen Temperatur des Thermometers und der zu messenden liegt. Die auszutauschende Wärmemenge wird dann besonders klein werden, wenn sie lediglich zur Aufheizung eines Wärmefühlers kleiner Kapazität dient, und dieser nicht zusätzlich noch Wärmemengen über seine Anschlüsse in die Außenwelt ableitet.

Ein Thermometer kann einer sprungartigen Temperaturänderung, beispielsweise vom Wert t_1 auf den Wert t_2 nicht unmittelbar folgen, sondern es entsteht eine Übergangsfunktion, die im einfachsten Fall exponentiellen Charakter hat. Es ist üblich, zur Charakterisierung dieser Übergangsfunktion die Zeiten anzugeben, nach denen die Anzeige eines Thermometers, welches einer sprungweisen Temperaturänderung ausgesetzt wurde, 50 bzw. 90% der Differenz zwischen der neuen und der ursprünglichen Temperatur durchlaufen hat. Diese Zeiten, allgemein mit $z_{0,5}$ und $z_{0,9}$ bezeichnet, müssen zueinander im Verhältnis 3,32 stehen, wenn die Übergangsfunktion des Thermometers eine exakte Exponentialfunktion ist. Die beiden genannten Werte reichen dann zur Charakterisierung des zeitlichen Verhaltens eines Thermometers aus, wenn sich die Wärmeübergangszahlen während des Vorganges nicht ändern und das Thermometer aus dem auszumessenden Temperaturbereich nur vernachlässigbar kleine Wärmemengen abtransportiert. Wenn diese Voraussetzungen nicht erfüllt sind, sollte ein dritter Wert, beispielsweise $z_{0,1}$ angegeben werden.

Als Thermometer kann eine große Anzahl verschiedenartiger Einrichtungen benutzt werden. Diese müssen entweder mit dem Stoff, dessen Temperatur gemessen werden soll, in Berührung gebracht werden (Berührungsthermometer), oder können die Temperatur des auszumessenden Körpers bestimmen ohne diesen zu berühren (Strahlungspyrometer). Die Berührungsthermometer lassen sich in zwei Gruppen, die mechanischen und die elektrischen Einrichtungen, unterteilen. Als mechanische Berührungsthermometer gelten beispielsweise Flüssigkeits-Glasthermometer, bei denen die thermische Ausdehnung einer Flüssigkeit, oft Quecksilber, für die Temperaturmessung verwendet wird. Zur Anzeige dient der Stand der Flüssigkeit in einer Glaskapillare. Die Flüssigkeits-Federthermometer bedienen sich ebenfalls der Wärmeausdehnung einer thermometrischen Flüssigkeit, jedoch erfolgt die Anzeige über die Verformung eines elastischen Meßgliedes, ähnlich wie bei einem Federmanometer. Dampfdruck-Federthermometer entsprechen den Flüssigkeits-Federthermometern, aber das in den auszumessenden Körper eingetauchte Rohr ist nur zum Teil mit einer leicht siedenden Flüssigkeit gefüllt, deren Dampfdruck sich mit der Tempertaur ändert.

Die Ausdehnung fester Körper wird bei den Stabausdehnungsthermometern und Bimetallthermometern zur Temperaturmessung herangezogen.

Die elektrischen Berührungsthermometer sind entweder Thermoelemente oder Widerstandsthermometer. Bei den ersten entsteht an der Verbindungsstelle zweier Leiter aus verschiedenen Werkstoffen eine elektromotorische Kraft. Wenn zwei derartige Lötstellen in einem Stromkreis auf unterschiedliches Temperaturniveau gebracht werden, läßt sich mit Mitteln der elektrischen Meßtechnik ein Spannungsunterschied feststellen, dessen Größe von der Temperaturdifferenz beider Lötstellen abhängt. Die Temperatur einer der beiden Lötstellen kann daraus bestimmt werden, wenn die Temperatur der anderen bekannt ist. Widerstandsthermometer nützen die temperaturabhängige Änderung des elektrischen Widerstandes eines Leitermaterials für die Temperaturbestimmung aus. Es müssen Werkstoffe gewählt werden, deren Temperaturbeiwert des elektrischen Widerstandes genügend groß ist. In jedem Fall ist es wichtig, als Thermometerwerkstoffe solche Materialien zu wählen, die im zu erfassenden Temperaturbereich keinen Änderungen des Aggregatzustandes unterliegen und keine sonstigen Unstetigkeitsstellen, beispielsweise Umkristallisationspunkte haben. Die Temperaturabhängigkeit der zur Messung herangezogenen Materialeigenschaft sollte möglichst linear sein.

Die elektrischen Berührungsthermometer bedingen gegenüber den mechanischen im allgemeinen einen erhöhten apparativen Aufwand, sie können jedoch, und das gilt insbesondere für die Thermoelemente, mit außerordentlich kleinen Temperaturfühlern ausgestattet werden. Für die Zwecke des vorliegenden Vorhabens ist hierin ein maßgeblicher Vorteil zu sehen, denn mit einer Verkleinerung des Meßfühlers ergibt sich eine Verbesserung des Zeitverhaltens des Thermometers und außerdem, was bei der Ausmessung kleiner Körper wichtig ist, eine geringe Verfälschung des auszumessenden Temperaturfeldes.

Es muß bei jeder Temperaturmessung mit Berührungsthermometern streng darauf geachtet werden, daß im exakten Sinne stets nur die Temperatur des Fühlers gemessen wird. Es ist Aufgabe der Versuchsplanung und der Auswahl der Meßgeräte, dafür zu sorgen, daß die Temperatur des Fühlers der Temperatur des auszumessenden Körpers möglichst genau entspricht.

Im Gegensatz zu den Berührungsthermometern, die im wesentlichen durch Wärmeleitung auf die zu messende Temperatur gebracht werden, sind Strahlungspyrometer-

Geräte, mit denen die Temperatur eines Meßgegenstandes über die von ihm ausgehende Wärmestrahlung bestimmt wird. Sie vermeiden also die unmittelbare Berührung mit dem Meßgegenstand. Die Pyrometer sind gekennzeichnet durch die Daten des Spektralbereiches, in dem die Messung erfolgt. Grundsätzlich muß das Emissionsverhalten des Meßgegenstandes bekannt sein. Obgleich viele Einflußgrößen die Praxis der Messung mit Strahlungspyrometern komplizieren, lassen sich dennoch zuverlässige Temperaturmessungen mit ihnen durchführen.

Neben den beschriebenen Thermometern gibt es eine Reihe von anderen Methoden zur Temperaturbestimmung, die an dieser Stelle nicht unerwähnt bleiben sollen. Es ist die Photothermometrie zu nennen, bei der infrarotempfindliches fotografisches Material der von dem Meßgegenstand ausgehenden Temperaturstrahlung ausgesetzt wird. Das pyrometrieähnliche Verfahren arbeitet nicht integrierend über einen gewissen Bereich des Meßgegenstandes wie die Strahlungsmeßgeräte, sondern es gestattet, ähnlich wie eine Fotografie, die Aufnahme eines Bildes der Temperaturverteilung auf dem untersuchten Körper. Bei dieser Methode wird das Temperaturfeld noch weniger gestört als bei der Pyrometrie, allerdings ist die Empfindlichkeit des Verfahrens nur gering, so daß sich äußerst lange Belichtungszeiten bei Temperaturen im untersten Anwendungsbereich, das ist etwa bei 250°C, ergeben. Sehr aufwendige elektronische Infrarotmeßanlagen unterliegen dieser Einschränkung nicht.

Eine orientierende Temperaturbestimmung ist mit Temperaturmeßfarben möglich, das sind Farbstoffe, die, auf dem Meßgegenstand aufgetragen, bei bekannten Temperaturen ihre Farbe ändern. Die Meßunsicherheit ist allerdings nicht klein, auch ist eine längere Einwirkungszeit der Temperaturen auf die Farbstoffe erforderlich. Die Farben können aufgepinselt oder aufgestrichen werden, sie haben einen oder mehrere Umschlagtemperaturen.

Weiterhin sind Temperaturpapiere, mit einem temperaturempfindlichen Überzug versehene Blättchen, die auf dem Meßgegenstand angebracht werden und Temperaturtuben (in Glasröhrchen eingeschmolzene Substanzen) bekannt. Sie ändern ihre Farbe von weiß in schwarz sobald die zugehörige Temperatur erreicht ist. Auch werden schmelzende Stoffe, deren Schmelzpunkt bekannt ist, als Temperaturindikatoren eingesetzt.

2.4 Auswahl des geeigneten Meßfühlers

Die für die vorliegende Aufgabe verwendete Meßeinrichtung soll, zumindest was den Fühler angeht, äußerst klein sein. Sie muß sehr schnell reagieren, um Temperaturänderungen folgen zu können, sie soll die automatische Registrierung der Meßwerte in Diagrammform ermöglichen und gleichzeitig im Einsatz so elastisch sein, daß sie sich ohne übermäßige Schwierigkeiten von Maschine zu Maschine versetzen läßt und darüber hinaus von Ort zu Ort transportabel ist. Allen diesen Forderungen entsprechen Thermoelemente am besten.

2.4.1 Einige Eigenschaften von Thermoelementen

Da im Rahmen der vorliegenden Arbeit Thermoelemente verwendet werden sollen, erscheint es zweckmäßig, auf deren Eigenschaften etwas näher einzugehen.

Im einfachsten Fall besteht ein Thermoelement aus zwei elektrischen Leitern verschiedenen Werkstoffes. Werden die Leiter an beiden Enden miteinander verbunden und die Verbindungsstellen auf unterschiedliche Temperatur gebracht, dann fließt infolge der Spannungsdifferenz zwischen den an den Lötstellen entstehenden thermoelektrischen

Kräften im geschlossenen Kreis ein Strom. Seine Größe kann mittels eines Instrumentes gemessen werden, das in den Ast des Thermokreises eingeschaltet wird, der gegenüber dem üblichen Leitermaterial Kupfer die kleinere Thermospannung ergibt. Besser ist es, mit einem Voltmeter die Thermospannung zu messen, deren wahre Größe allerdings nur bestimmbar ist, wenn das Meßinstrument keine Leistungen verbraucht, also kein Strom fließt, der zu Spannungsabfällen in den Leitern führen würde. Technisch läßt sich das mit einfachen Anzeigeinstrumenten nicht verwirklichen. Diese haben immer einen gewissen Leistungsbedarf, die angezeigte Spannung wird also nicht der Differenz der elektromotorischen Kräfte entsprechen, sondern um die Spannungsabfälle in den Leitern vermindert sein. Grundsätzlich ist das kein Nachteil, wenn die gesamte Meßeinrichtung geeicht wird und das Anzeigeinstrument mit einer entsprechenden Temperaturskala versehen ist, oder wenn Umrechnungskurven bekannt sind. Widerstandsänderungen im Stromkreis, die beispielsweise von Temperaturänderungen am Instrument oder den Leitern verursacht werden, führen zu geänderten Spannungsabfällen und damit zu Fehlanzeigen. Das reine Ausschlagverfahren, dessen Schaltung in Abb. 1 auf S. 38 wiedergegeben ist, könnte verbessert werden, wenn an Stelle des relativ niederohmigen Spannungsmessers ein Verstärker mit hochohmigem Eingang gesetzt wird (Abb. 2 auf S. 38). Der Gesamtwiderstand im Meßkreis steigt, Widerstandsänderungen werden damit relativ kleiner.
Bei höheren Genauigkeitsansprüchen ist die Anwendung von Kompensationsverfahren zweckmäßig. Dabei wird der zu messenden Thermospannung eine Vergleichsspannung entgegengeschaltet, die so lange verändert wird, bis im Thermokreis kein Strom mehr fließt. Die Größe der Vergleichsspannung läßt sich dann problemlos messen.
Die Spannungskompensation erfolgt in geeigneten Kompensatoren automatisch. Der Meßfehler solcher Einrichtungen hängt im allgemeinen vom Reststrom im Thermokreis, das heißt von der Empfindlichkeit des Nullindikators ab. Auch Änderungen im Widerstand des Thermokreises beeinflussen das Meßergebnis nur im Rahmen des Reststromes.
Bei allen Temperaturmessungen mit Thermoelementen können nur Spannungsdifferenzen und damit Temperaturunterschiede gemessen werden. Es sind also stets zwei Temperaturmeßstellen vorhanden, von denen eine auf einer bekannten und konstanten Vergleichstemperatur gehalten werden muß. Änderungen einer eventuell nicht stabilisierten Vergleichstemperatur können mit Hilfe von thermisch abhängigen Widerständen in gewissem Umfang kompensiert werden, wenn diese den gleichen Temperaturänderungen unterliegen. Eine geregelte Vergleichsstellentemperatur ist jedoch immer von Vorteil.

3. Das Meßverfahren

Die Messungen wurden nach der im Abschnitt 2.2 unter Punkt 4 beschriebenen Methode durchgeführt. Eine Reihe von Thermometern sollte also parallel zueinander, nebeneinanderliegend durch den Rahmen laufen und sich dabei in unmittelbarer Nähe der Warenoberfläche befinden. Als Meßfühler wurden Thermoelemente ausgewählt. Diese mußten auf einer Warenbahn befestigt werden, die sie durch die ganze Länge des Spannrahmens transportiert. Die jeweils herrschenden Temperaturen werden abgefühlt und zum Zwecke der Registrierung an Schreibgeräte gemeldet. Da die Messung während des Durchlaufs für jede Meßstelle ohne Unterbrechung erfolgen sollte, war es notwendig, jeder Meßstelle einen kompletten Meßgerätesatz zuzuordnen. Wegen dieses Aufwandes mußte allerdings die Menge der Meßstellen beschränkt werden, die Zahl 5 erschien vom Gesichtspunkt der vollständigen Erfassung des Temperaturfeldes ausreichend und aus wirtschaftlicher Sicht tragbar. Es sollten also fünf Meßstellen über die Breite der Ware gleichmäßig verteilt in einer Front angeordnet werden, so daß sie gleichzeitig nebeneinander durch den Rahmen laufen konnten. Zweckmäßig wird das eine der Elemente in der Warenmitte angeordnet, zwei so dicht wie möglich an jeder Gewebekante und die restlichen zwei gleichmäßig in den Zwischenräumen zwischen der Mitte und den Kanten. Diese Anordnung setzt voraus, daß an den Thermoelementen genügend lange Zuleitungen vorhanden sind, um sicherzustellen, daß die Messung ungestört vonstatten gehen kann, bis die Thermoelemente den Rahmenausgang erreicht haben. In dieser Situation liegen die Zuleitungen zu den Fühlern über die ganze Länge des Spannrahmens in der Maschine und sind an der Rahmeneingangsseite mit den Meßgeräten verbunden. Entweder müssen jetzt die Thermoelemente rückwärts aus der Maschine herausgezogen oder die Verbindung zwischen Thermoelement und Meßgerätesatz aufgetrennt werden, damit die Elementezuleitungen mit der Ware durch den Rahmen hindurchlaufen können. Diese zweite Methode ist insbesondere dann erforderlich, wenn die Thermoelemente und ihre Zuleitungen mit der Ware fest verbunden sind, was bei Etagenrahmen ohnehin erforderlich ist, bei anderen aber zunächst auch zweckmäßig erschien.

Das geschilderte Verfahren, realisiert durch die nachstehend beschriebenen Meßgeräte, ließ es zu, an einer großen Anzahl von Spannrahmen Temperaturmessungen mit Ergebnissen durchzuführen, die in vielen Fällen Korrekturen an den Maschinen zur Folge hatten. Aus der ständigen Wiederholung von Messungen unter verschiedensten Bedingungen resultierte eine wiederholte Verbesserung der Meßanlage, die jedoch stets nur die apparative Seite betraf, während die Methodik unverändert blieb.

3.1 Die verwendeten Meßgeräte

Das vorstehend geschilderte Verfahren wurde durch einen Meßgerätesatz, bestehend aus

    1 Warenbahn,
    5 Thermoelementen,
    1 Verbindungsstecker,
    5 Ausgleichsleitungen,
    1 Vergleichsstellenthermostat,
    1 Prüfschaltung,
    5 Kompensatoren,
    5 Tintenschreibern

realisiert. Die einzelnen Komponenten dieses Systems werden nachstehend genauer beschrieben. Ihr Zusammenwirken ist im Schema der Abb. 3 auf S. 39 dargestellt.

3.1.1 Warenbahn

Es erschien zweckmäßig, für die Messungen eine spezielle Warenbahn herzurichten. Auf diese wurden die Temperaturfühler aufgenäht und die Zuleitungen so befestigt, daß sie ungehindert durch den Rahmen laufen konnten. Vorversuche mit einer Baumwollware zeigten, daß diese, insbesondere wenn hohe Thermosolierungstemperaturen eingestellt waren, nach kurzer Zeit mürbe und braun wurde sowie an den Kanten ausriß.

Es mußte also eine mechanisch und thermisch erheblich widerstandsfähigere Ware gefunden werden, die allen zu erwartenden Belastungen widerstehen konnte.

Ein Gewebe aus 400/400 den Polyester in der Einstellung 27,5/16,5 hat den Erwartungen entsprochen. Mit einer solchen Warenbahn von 1,65 m Breite wurden über 150 Messungen gefahren, ohne daß das Gewebe ernstere Schäden erlitten hätte. Es ist wichtig, daß die Bahn vor dem Befestigen der Thermoelemente sowohl in der Breite wie in der Länge bei möglichst hohen Temperaturen vollständig ausfixiert ist. Es soll dadurch vermieden werden, daß sie einerseits in der Breite zu stark gespannt wird und es zu Kantenausrissen kommt, und daß andererseits eine Schrumpfung der Warenlängsrichtung zu Schlaufenbildung in den Zuleitungen der Thermoelemente führt, was Drahtbrüche infolge des Festhakens im Innern der Maschine zur Folge haben kann.

Wenn an unterschiedlich breiten Spannrahmen gemessen werden soll, müssen auch, um die Temperaturverhältnisse im Rahmen möglichst vollständig zu erfassen, jeweils Trägergewebe geeigneter Breite, bestückt mit Thermoelementen, verfügbar sein. Hierin liegt ein gewisser Nachteil des Verfahrens.

3.1.2 Thermoelemente

Wegen des vorstehend schon erwähnten Zeitverhaltens der Thermometer müssen die Fühler der Thermoelemente äußerst klein sein, das heißt, sie müssen einen geringen Durchmesser haben. Auch die leichte Beweglichkeit der Drähte erfordert diesen kleinen Durchmesser. Der Wunsch nach möglichst niederohmiger Ausführung des Thermokreises steht aber einer Verkleinerung des Drahtdurchmessers entgegen, ebenso die mechanische Widerstandsfähigkeit der Drähte, die beim Einlaufen in die Maschine, beim Durchlaufen durch den Rahmen und beim Abtafeln an der Auslaufseite auch erheblichen mechanischen Belastungen ausgesetzt sind. Die Drähte müssen isoliert sein, die Isolierung muß den mechanischen und thermischen Beanspruchungen widerstehen können. Die Empfindlichkeit der Fühler im infrage kommenden Bereich bis etwa 230°C sollte möglichst hoch sein. Von den geschilderten Anforderungen ausgehend, standen Thermoelemente der Paarung Eisen–Konstantam (Kurzbezeichnung FeKo) mit einem Durchmesser von 0,2 oder 0,5 mm zur Auswahl. Die Entscheidung wurde auf Grund von Vorversuchen und Fehlerbetrachtungen zunächst zugunsten der Drähte mit 0,2 mm Durchmesser gefällt. Die Isolierung bestand aus einer zweimaligen Umspinnung mit Glasseide und einer Lacktränkung. Die stark vergrößerte Abbildung je einer Meßstelle beider Typen ist in Abb. 4 auf S. 39 wiedergegeben. Diese Drähte wurden so in die Warenbahn eingezogen, daß sie mit je etwa 5 cm langen Stichen abwechselnd auf deren Ober- und Unterseite lagen. Die eigentliche Meßstelle, die durch Festnähen auf der Ware fixiert wurde, ohne daß die Nähstellen den Meßfühler in unzulässiger Weise bedeckten, bestand aus der hartgelöteten Verbindung beider Drähte. Eine solche Ausführung zeigt Abb. 5 auf S. 40. Da diese erste Konstruktion zu Draht- und Isolationsschäden neigte, weil die Leitungen sich in den Gewebedurchstoßstellen hin- und herzogen und abstehende Schlaufen bildeten, wurden später, unter Inkaufnahme größerer Meßfehler, 0,5 mm starke, mechanisch widerstandsfähigere Drähte verwendet. Während der weiteren Bearbeitung des Vorhabens kamen neuartige Thermoleitungen auf den Markt, so daß später Leiten in Litzenform, bestehend aus 48 Einzeldrähten von 0,2 mm Durchmesser, verwendet werden konnten, die eine Siliconkautschuk-Isolation besaßen. Diese Leitungen hatten den Vorteil, daß sie bis zur eigentlichen Meßstelle aus Litzen relativ niedrigen Widerstandes bestanden, während die Meßstelle selbst aus je einem Einzeldraht der beiden Litzenleiter aufgebaut wurde, so daß ihre kurzen Schenkel aus einem Draht von 0,2 mm Durchmesser mit dementsprechend kleiner Lötstelle bestanden. Solche robusten Leitungen wurden nicht mehr durch das Gewebe gezogen, sondern auf der Warenoberseite durch darübergenähte, etwa 3 cm breite Bänder festgelegt. Die Bänder wurden der Länge nach auf der Warenbahn mit drei Nähten so angebracht, daß jeweils zwischen zwei Nähte ein Leiter zu liegen kam. Die an der Meßstelle nicht benötigten Einzeldrähte jedes Thermopaares wurden durch einen Isolierschlauch geschützt und standen als Reserve bei Schäden am Temperaturfühler zur Verfügung. Eine solche Meßstelle ist in Abb. 6 auf S. 40 wiedergegeben. Bei dieser neuen Konstruktion konnten Beschädigungen der besser geschützten Litzen nicht mehr beobachtet werden. Auch die Form der Fühler und ihre Anordnung wandelte sich im Laufe der Zeit. Zunächst fanden die auf die Trägerware aufgenähten Elemente Verwendung. Da wegen des relativ großen Quadratmetergewichtes der Warenbahn und der dichten Gewebestruktur Bedenken bezüglich der Wirklichkeitstreue der Messungen auftraten, wurden die Meßstellen auf Gewebestücken der jeweils praxisgerechten Art und Struktur angebracht, die über etwa 100 cm² große Ausschnitte der Gewebebahn genäht waren. Später erfolgte dann der Übergang auf Temperaturfühler im Gewebeinnern, das heißt auf beiderseits von Gewebestücken bedeckte Thermoelemente, wie sie in Abb. 7 auf S. 41 gezeigt sind. Die etwas schwierige Handhabung der Warenbahn und insbesondere das Auf- und Einnähen der empfindlichen Meßfühler von Hand erwies sich als Nachteil. Die endgültige Ausführung der Thermoelemente bestand darum aus vorgefertigten Lötstellen mit kurzen Anschlußdrähten, die in einem aus synthetischem Endlosmaterial gestrickten Schlauch, der bei hohen Temperaturen in Form eines Quadrates fixiert und nachher zusammengenäht wurde, untergebracht waren. Die so vorbereiteten Meßstellen ließen sich leicht in Gewebeausschnitte der Trägerware einnähen und durch Hartlöten mit den Zuleitungen verbinden (Abb. 8 auf S. 41).

3.1.3 Steckverbindung

Die Verbindung zwischen den mit der Warenbahn durch die Maschine laufenden Thermoelementen und den außerhalb des Rahmens stehenden Meßgeräten mußte trennbar sein. Sie sollte zuverlässige Kontaktgabe gewährleisten, möglichst keine Thermospannungen erzeugen und, soweit sie durch den Rahmen mit seiner hohen Temperatur hindurchlaufen mußte, möglichst klein bauen, sich gut mit dem Ende der Warenbahn verbinden lassen und hohe Temperaturen aushalten. Eine solche Steckverbindung war auf dem Markt nicht zu finden. Sie wurde deshalb selbst aufgebaut aus einer Buchsenleiste, wie sie für das Einstecken gedruckter Schaltkarten üblich ist, und dem Steckteil einer gedruckten Schaltkarte mit vergoldeter Kupferplatierung. Die Karte, aus Hartpapier bestehend, widerstand den Rahmentemperaturen anstandslos. Sie ließ sich am Gewebeende festnähen und war so klein, daß eine Beschädigung im Rahmen nicht zu befürchten war. Allerdings konnte sie, und das gilt auch für die Zuleitungen der Thermoelemente und die Temperaturfühler selbst, nicht zwischen Walzenpaaren hindurchlaufen. Beim Einführen der Ware in den Rahmen und beim Abnehmen aus dem Rahmen waren deshalb besondere Maßnahmen erforderlich.
Die Befestigung der Thermoelemente an der gedruckten Platte erfolgte über hart angelötete kleine Kabelschuhe und Verschraubung, die Befestigung der weiterführenden Ausgleichsleitung am Buchsenteil der Steckvorrichtung durch Weichlötung. Diese Kontaktanordnung kam zunächst der Forderung nach Thermospannungsfreiheit keineswegs entgegen. Hier mußten besondere Vorkehrungen getroffen werden, die darin bestanden, daß die Steckvorrichtung vor Beginn jeder Messung sorgfältig auf eine ausgeglichene Temperatur gebracht wurde, damit alle Lötstellen und insbesondere

die Verbindungen zwischen der Konstantan-Ader und den kupfernen Kontaktteilen eine gleiche Temperatur aufwiesen. Die dann an diesen Stellen auftretenden Thermospannungen sind gleich groß und entgegengesetzt gerichtet, so daß sie sich gegenseitig kompensieren.

Die Steckvorrichtung war 20polig aufgebaut, so daß für jeden der beiden Schenkel von fünf Thermoelementen zwei Kontakte zur Verfügung standen.

Infolge des relativ breiten Aufbaues, die 20 Kontakte lagen nebeneinander, ergaben sich gelegentlich Brüche der Steckerschiene, wenn diese mit dem Warenende durch den Rahmen laufen mußte. Im Zuge der Weiterentwicklung der Anlage erfolgte deshalb der Übergang auf eine kürzere Kontakteinrichtung, bei der die Steckerplatte beiderseits mit einem Kontaktierungsbelag kaschiert war. Bei Beibehaltung der gleichen Kontaktzahl ergab sich jetzt die halbe Baulänge und damit eine größere mechanische Widerstandsfähigkeit, zumal die neue Kontaktplatte etwas stärker dimensioniert verfügbar war als die alte.

3.1.4 Ausgleichsleitung

Von der Steckvorrichtung zur Temperaturvergleichsstelle müssen Verbindungen vorhanden sein, die aus dem gleichen Material wie die Schenkel der Thermoelemente bestehen sollen. Sie stellen, da sie nicht durch den Rahmen müssen, an die Temperaturfestigkeit der Isolation keine hohen Ansprüche, auch brauchen sie, weil sie nicht auf der Warenbahn aufliegen und diese durch ihr Gewicht belasten, nicht besonders leicht aufgebaut zu sein. Es muß dagegen Wert auf eine hohe mechanische Resistenz gelegt werden sowie auf einen niedrigen elektrischen Widerstand. Die mechanische Widerstandsfähigkeit gerade dieses Teiles der Anlage ist deshalb wichtig, weil beim Arbeiten am Spannrahmen vor und nach jedem Versuch beim Zusammenstecken und Lösen der Steckvorrichtung diese Leitung besonders hohen Beanspruchungen ausgesetzt ist und ihre Handhabung in den meisten Fällen durch die Maschinenbedienung des Spannrahmens und Maschinenhilfskräfte erfolgte, die nicht gewohnt sind, mit empfindlichen Meßgeräten zu hantieren.

Es wurde eine Ausgleichsleitung vom Typ FeKo (Eisen/Konstantan) je Ader aufgebaut aus 48 Einzeldrähten von 0,2 mm Durchmesser, jede Ader PVC-isoliert und je zwei Adern mit einem gemeinsamen PVC-Mantel umhüllt, gewählt. Die fünf Verbindungsleitungen zwischen Vergleichsstelle und Stecker bildeten, durch gemeinsame Umwicklung miteinander verbunden, einen etwa 3 cm starken Kabelbaum, der sich sehr gut handhaben ließ. Die Adern dieses Kabelbaumes führten ohne Unterbrechung bis zu den Kontakten im Innern der Vergleichsstelle.

3.1.5 Temperaturvergleichsstelle

Die Temperaturvergleichsstelle dient dazu, eine bekannte Thermo-EMK zu erzeugen, weil nur ein Spannungsunterschied, hier entstehend zwischen den elektromotorischen Kräften der Vergleichsstelle und denjenigen des Temperaturfühlers in der Warenbahn, gemessen werden kann. Die Temperatur der Vergleichsstelle soll so liegen, daß sie leicht konstant zu halten ist und daß ein genügend großer Unterschied zwischen der zu messenden und der Vergleichstemperatur besteht. Eine besonders gute Vergleichsstelle läßt sich relativ einfach mit Lötstellen bei 0°C, der Temperatur von im Wasser schmelzendem Eis, aufbauen. Diese Anordnung wurde nicht gewählt, weil eine ständige Beobachtung und Wartung solcher Vergleichsstellen umständlich ist. Andererseits ist die Realisierung einer Vergleichstemperatur von 0°C mit automatischen Regeleinrichtungen, jedenfalls zum Zeitpunkt des Aufbaus der Meßeinrichtung, schwierig gewesen. Die Wahl fiel deshalb auf eine etwas höher liegende Vergleichstemperatur von 50°C, die durch geregelte Heizung eines im wärmeisolierten Behälter angeordneten Aluminiumblockes, auf dem sich die Kontaktstellen zwischen Ausgleichsleitung und weiterführender Kupferleitung befinden, verwirklicht wurde.

3.1.6 Prüfschaltung

Weil die Temperatur der Meßstellen, die vor Beginn einer Messung die Raumtemperatur angenommen haben, welche im Ausrüstungsbetrieb im allgemeinen oberhalb 20°C, jedenfalls aber unterhalb der Vergleichsstellentemperatur liegt, und weil andererseits Temperaturen über 200°C zu messen waren, also bis oberhalb der Vergleichsstellentemperatur, durchläuft die zu messende elektrische Spannung bei Temperaturgleichheit zwischen Fühler und Vergleichsstelle den Wert 0 V und kehrt ihre Polarität um. Die nachfolgend beschriebenen Meßgeräte und Registriereinrichtungen gestatten diesen elektrischen Null-Durchgang nicht, so daß im geeigneten Augenblick der Messung eine manuelle Umschaltung der Polarität des Meßstromkreises vorgenommen werden muß. Diese Umschaltung erfolgt durch einen einzigen Schalter für alle Meßkreise gemeinsam und gleichzeitig. Diesem Schalter fällt weiterhin die Aufgabe zu, bei Beendigung der Messung und Lösen des Verbindungssteckers zwischen Warenbahn und Meßgeräten die Eingänge der Meßgeräte kurzzuschließen, um Schäden an den Kompensatoren zu vermeiden. Weiterhin gestattet er es, bei eingestecktem Verbindungsstecker, die Thermoelemente elektrisch von den Meßgeräten zu trennen und auf eine Prüfeinrichtung zu schalten. Mit Hilfe eines Wahlschalters dieser Prüfeinrichtung ist es möglich, die elektrischen Widerstände der einzelnen Thermoelemente nacheinander durchzumessen und Fehler in den Leitungen, Drahtbrüche, Kurzschlüsse und ähnliches festzustellen. Die beiden erwähnten Schalter und das Widerstandsmeßgerät sind in einer Einheit, Prüfschaltung genannt, zusammengefaßt. Darüber hinaus sind darin einige Schaltelemente für den Betrieb des Ardonox, eines pyrometrischen Temperaturmeßgerätes, enthalten. Sämtliche Anschlüsse zur Prüfschaltung sind steckbar. Ursprünglich waren sie als einzelne Laborklemmen ausgeführt, später wurden Mehrfachstecker eingebaut. Die Gleichzeitigkeit der Umpolung aller fünf Meßleitungen brachte im Umschaltmoment einige Störungen mit sich, da nicht zu erwarten war, daß alle Thermofühler im gleichen Augenblick die Temperatur 50°C erreicht hatten. Während des Umschaltens und kurz danach war die Messung deshalb unzuverlässig.

3.1.7 Kompensatoren

Die gewählten Kompensatoren arbeiten nach dem selbsttätigen Kompansationsverfahren von LINDECK-ROTHE. Dabei wird der zu messenden Spannung eine Kompensationsspannung entgegengeschaltet und so lange geändert, bis beide Spannungen einander gleich sind. Kriterium für die Spannungsgleichheit ist die Stellung eines Null-Galvanometers, das über eine mit seiner Drehspule verbundenen Metallfahne die Spannungsamplitude eines Oszillators mit nachgeschaltetem Verstärker und Gleichrichter steuert. Es entsteht ein veränderlicher Hilfsstrom, der einen Kompensationswiderstand durchfließt, an welchem die Kompensationsspannung abgegriffen wird. Der Hilfsstrom ist damit proportional der zu messenden Thermospannung. Er dient zur Registrierung bzw. zur Anzeige. Die Kompensatoren sind so aufgebaut, daß sich Meßbereiche von 5 mV, 10 mV, 25 mV, 60 mV und 150 mV, bezogen auf die Breite des Anzeige- bzw. Registriergerätes, einstellen lassen, wobei mit Hilfe von vier stabilisierten Nullpunkt-

Unterdrückungsspannungen der Skalenanfangspunkt bei 0 mV, 5 mV, 10 mV, 15 mV oder 20 mV für jeden der fünf Anzeigebereiche gewählt werden kann. Durch die Verschiebung des Skalenanfangwertes bzw. die Nullpunkt-Unterdrückung wird es möglich, besonders interessierende Bereiche zu spreizen und dadurch genau abzulesen.
Die Galvanometer der Kompensatoren sind äußerst empfindlich und dementsprechend mechanisch anfällig. Sie müssen vor starken Stößen geschützt werden und sollen, bei Transporten oder wenn sie nicht in Betrieb sind, möglichst hoch bedämpft sein. Das erfolgt in einfachster Weise durch Kurzschließen der Eingangsklemmen am Kompensator. Außerdem ist die weich abgefederte Aufhängung dieser Geräte erforderlich.

3.1.8 Registriergeräte

Es wurden handelsübliche, tragbare AEG-Tintenschreiber mit umgebauter Papiertransporteinrichtung und 70 mm Registrierbreite eingesetzt. Der Papiertransport erfolgte nicht durch die sonst üblichen Uhrwerke, sondern von Synchronmotoren aus über umschaltbare Zwischengetriebe. Mit dieser Einrichtung ließen sich Vorschubgeschwindigkeiten zwischen 25 mm/s bis 90 mm/h in zehn festen Stufen einstellen. Der elektrische Antrieb bot weiterhin den Vorteil, den Papiervorschub aller fünf Schreiber über einen gemeinsamen Schalter starten und stoppen zu können, so daß für alle fünf Meßstellen die genaue zeitliche Übereinstimmung aller Diagramme gegeben war.
Es wurden zwei Schreibertypen mit etwas voneinander abweichenden Meßwerken eingesetzt, die auch in ihrem Zeitverhalten etwas differierten. Drei der eingesetzten Schreiber, es handelte sich um eine Spezialausführung, hatten Strommeßbereiche von 7 mA und 30 mA. Bei einer sprungartigen Änderung des zu messenden Stromes gingen sie aperiodisch ohne Überschwingen in die neue Stellung über. Die beiden anderen Geräte, Universalschreiber mit mehreren Spannungs- und Strommeßbereichen, darunter ebenfalls der von den Kompensatoren geforderte 30-mA-Eingang, zeigten ein geringes Überschwingen.

3.1.9 Zusammenbau der Meßeinrichtung

Die fünf, an sich voneinander unabhängigen Meßeinrichtungen mußten so zu einer Einheit zusammengefaßt werden, daß alle Bedienungshandgriffe während einer Messung für alle fünf Kreise gemeinsam erfolgen konnten. Weiterhin sollte die ganze Anlage während einer Meßreihe leicht von einer Maschine zur anderen transportiert werden können. Außerdem war gefordert, daß sich die Apparatur äußerst klein verpacken ließ, um sie bequem im Kraftfahrzeug oder mit der Bahn transportieren zu können.
Aus vier Rahmenteilen wurde ein fahrbares Gestell aufgebaut, das eine größere Plattform in normaler Tischhöhe und eine kleinere oberhalb des Tisches besaß. Auf den Platten wurden die Tintenschreiber, die Prüfschaltung und zwei einzelne Schalter verschraubt. An der Rückwand des Gestells waren zwei Bretter, sehr weich elastisch abgefedert, angebracht, in welche die Kompensatoren so eingehängt wurden, daß neben jedem Tintenschreiber sich der dazugehörige Kompensator befand. Unterhalb der Tischplatte, die groß genug war, um bei den Versuchen die erforderlichen Protokollierungsarbeiten vornehmen zu können, befand sich eine weitere starre, senkrechte Wand, die die Vergleichsstelle, eine große Anzahl von Steckdosen zur Speisung der vielen verschiedenen Geräte und den zur Ardonox-Meßeinrichtung gehörenden lichtelektrischen Verstärker trug. Bei Bedarf konnte auf der Tischplatte ein sechster Tinten-

schreiber zur Registrierung der Ardonox-Werte angebracht werden. Das ganze Gestell ist mit großen Lenkrollen, die feststellbar sind, fahrbar gemacht. Es ließ sich durch Türen normaler Größe schieben. Zum Zwecke des Transportes konnte es so weit zerlegt werden, daß die gesamte Meßeinrichtung sich bequem in einem Kraftfahrzeug vom Variant-Typ verladen ließ. Zur Bedienung der Meßeinrichtung und Überwachung des Versuches genügt eine Person. Die Versuchsdurchführung bedingt jedoch mindestens vier Bedienungspersonen am Spannrahmen, von denen zwei die Ware von Hand in die Maschine einführen müssen und zwei andere das Abnehmen der Bahn aus der Maschine und Abtafeln auf einem Plattformwagen besorgen. Die Apparatur ist auf Abb. 9 auf S. 42 dargestellt.

3.2 Meßtechnische Eigenschaften des Verfahrens und der Apparatur

Bei jeder Temperaturmessung wird stets nur die Temperatur des eingesetzten Temperaturfühlers gemessen. Wieweit diese Temperatur tatsächlich der aufgabengemäß zu messenden Temperatur eines Körpers entspricht, hängt von einer Reihe von Umständen ab. Insbesondere sind hier die verschiedenen Meßfehler und das jeder Temperaturmeßeinrichtung eigentümliche Zeitverhalten zu nennen. Der Gesamtfehler einer Messung setzt sich zusammen aus demjenigen Fehler, der dem Meßverfahren eigentümlich ist und den Fehlern, die von den einzelnen Komponenten der Meßeinrichtung verursacht werden.

Der im Verfahren bedingte Fehler ist darin begründet, daß, wie bereits im Abschnitt 2.1 erläutert wurde, die Temperaturmessung nicht tatsächlich an der Stelle vorgenommen werden kann, deren Temperatur bestimmt werden soll. Es muß also damit gerechnet werden, daß die Meßeinrichtung, auch wenn sie sonst vollkommen fehlerfrei arbeiten würde, eine vom gesuchten Wert mehr oder weniger abweichende Temperaturgröße mißt. Wie groß der so entstehende Fehler ist und welches Vorzeichen er hat, kann nicht angegeben werden. Wenn jedoch fünf gleichartige Meßeinrichtungen unter den gleichen Randbedingungen parallel betrieben werden, so ist damit zu rechnen, daß bei jeder dieser Meßeinrichtungen der beschriebene Fehler gleich groß ist, daß also Vergleiche der Ergebnisse der verschiedenen Einrichtungen untereinander von dem Methodenfehler nicht betroffen werden.

Zu dem Fehler der Meßmethode an sich addieren sich die Fehler der einzelnen Komponenten der Meßapparatur. Ihre Größe soll in den nachstehenden Kapiteln untersucht werden. Auch hier ist zu beachten, daß sich unterschiedliche Fehlergrößen ergeben, je nachdem, ob die Abweichung von der wahren Umgebungstemperatur oder die Differenzen der Meßstellen untereinander betrachtet werden.

3.2.1 *Fehler der Thermoelemente*

Durch die DIN-Norm 43710 »Thermoelemente, Thermospannungen und Werkstoffe der Thermoelemente« sind die Eigenschaften von Thermopaaren festgelegt. Das Normblatt enthält genaue Angaben über die Grundwerte der Thermospannung für den gesamten Temperaturbereich in welchem das betreffende Paar benutzt werden kann, sowie die zulässigen Abweichungen von diesen Werten. Für die benutzte Paarung Eisen–Konstantan ist die zulässige Abweichung vom Grundwert im interessierenden Bereich $\pm 3,5°C$, entsprechend $\pm 0,16$ mV. Für jede Lieferung von Thermomaterial kann vom Hersteller die tatsächliche Abweichung von den Grundwerten erfragt werden. Sie betrug im Falle der verwendeten Thermodrähte $+0,08$ mV, entsprechend $+1,8°C$.

Gerade bei den sehr dünnen Thermodrähten muß jedoch immer damit gerechnet werden, daß die Zusammensetzung des Materials nicht vollständig homogen ist, daß also über größere Drahtlängen gesehen, geringfügige Abweichungen von der angestrebten Legierung vorliegen. In diesem Fall werden sich naturgemäß, je nachdem, welche Metalle in der Lötstelle des Temperaturfühlers tatsächlich zusammentreffen, geringfügige Abweichungen ergeben. Diese könnten nur durch eine genaue Eichung des betreffenden Elementes ermittelt werden. Auf eine solche Eichung, die ja an den schon in die Warenbahn eingenähten Elementen erfolgen müßte, weil die Lötstelle erst nach dem Einziehen der Elemente in die Ware hergestellt werden kann, wurde verzichtet. Sie ließ sich mit den verfügbaren Apparaturen nicht durchführen. Es werden also zusätzlich zu den genannten Abweichungen von den Grundwerten Meßfehler auftreten, die sich nur schätzen lassen. Ihre Größe soll sowohl für die Abweichung gegenüber dem wahren Wert wie auch für die Abweichungen der einzelnen Thermometer gegeneinander mit $\pm 0{,}5\,°C$ angenommen werden.

3.2.2 Durch die Stecker bewirkte Fehler

Wie schon im Abschnitt 3.1.3 ausgeführt wurde, ließ sich die konsequente Verwendung der Thermoelementenwerkstoffe beim Aufbau der Steckvorrichtung nicht verwirklichen. Es mußten andere Materialien wie zum Beispiel Messing und Kupfer eingesetzt werden, so daß in der Steckvorrichtung Thermoelemente entstanden, deren Thermospannung zu Meßfehlern führen muß. In beiden Schenkeln jedes Elementes lagen dabei insofern unterschiedliche Voraussetzungen vor, als daß im Konstantan-Schenkel die Übergänge

    Konstantan–Kupfer–Konstantan

und im Eisen-Schenkel

    Eisen–Kupfer–Eisen

gegeben waren. In dieser Zusammenstellung steht die Bezeichnung Kupfer für eine Reihe von Übergängen zwischen den beiden Materialien Messing und Kupfer, die jedoch wegen der Geringfügigkeit der dort entstehenden Thermospannungen außer acht gelassen werden können.

Da ein Thermoelement der Paarung Kupfer–Konstantan im Gegensatz zu der Zusammenstellung Eisen–Kupfer beträchtliche Thermospannungen erzeugt, geht die Störung der Anzeige vornehmlich vom Konstantan-Schenkel der Meßeinrichtung aus. Sie läßt sich allerdings in geringen Grenzen halten, wenn dafür gesorgt wird, daß im örtlichen Thermoelement des Steckers mit der Paarung Konstantan–Kupfer die gleiche Thermospannung entsteht wie im unmittelbar danebenliegenden Element der Paarung Kupfer–Konstantan (jedoch entgegengesetzt gepolt). Die beiden örtlichen Thermospannungen heben sich dann gegeneinander auf, und es kommt zu keiner Störung der Anzeige. Die angestrebte Situation ist dann erreicht, wenn sich im zusammengesteckten Stecker ein weitgehender Temperaturausgleich eingestellt hat. Dieser Ausgleich benötigt einige Zeit, da der Stifteinsatz der Steckverbindung, der ja mit dem Warenende bei der vorhergehenden Messung durch den Rahmen gelaufen ist, zunächst eine hohe Temperatur hat. Durch ausgiebige Kühlung kann diese vor dem Zusammenstecken bis in die Nähe der Raumtemperatur gebracht werden. Nach dem Zusammenstecken des Steckers wird sich über die metallischen Leiterbahnen, die zudem aus gut wärmeleitenden Materialien bestehen, nach relativ kurzer Zeit ein vollständiger Temperaturausgleich einstellen.

Der Zeitpunkt des Erreichens dieses Ausgleiches läßt sich aus der Anzeige des Meßgerätes nicht ermitteln, denn die Fühler der Thermoelemente, in der aufgetafelten heißen Ware liegend, erzeugen ebenfalls Thermospannungen. Es mußte in Vorversuchen ermittelt werden, nach welcher Zeit die Thermospannungen in der Steckvorrichtung so weit abgeklungen sind, daß sie nicht mehr zu Meßfehlern führen. Dabei ergab sich, daß eine Temperaturausgleichzeit von 15 Minuten ausreichend ist. Während der Vorversuche konnte nach dieser Zeit eine Thermospannung in der Steckvorrichtung nicht mehr gemessen werden. Für die Fehlerbetrachtung soll jedoch angenommen werden, daß sich auch dann noch sowohl für den wahren Temperaturwert als auch zwischen den Anzeigewerten der einzelnen Elemente ein Fehler von $\pm 1°C$ einstellt.

3.2.3 Vergleichsstellenfehler

Die Temperaturvergleichsstelle besitzt eine Regeleinrichtung, welche die Körpertemperatur eines Leichtmetallklotzes auf $50°C$ konstant hält. Nach Angabe des Geräteherstellers beträgt die Regelgenauigkeit $\pm 0,4°C$, wobei die Vergleichstemperatur von der Raumtemperatur geringfügig abhängig ist. Es erzeugt eine Raumtemperaturänderung von $20°C$, eine Vergleichstemperaturänderung von $1°C$. Da mit Raumtemperaturunterschieden von $\pm 5°C$ gerechnet werden muß, ergibt sich daraus eine Drift der Vergleichsstellentemperatur von $\pm 0,2°C$.

In Vorversuchen wurde der Temperaturgang der Vergleichsstelle beobachtet und gemessen. Dabei bestätigte sich die angegebene Raumtemperaturabhängigkeit. Infolge der Zweipunktfunktion des Reglers war die Vergleichsstellentemperatur nicht absolut konstant. Eine periodische Störung war ihr überlagert. Die Amplitude dieser Störung wurde mit $\pm 0,34°C$ gemessen.

Die Einstellung der gewünschten Vergleichsstellentemperatur erfolgt am Regler, wobei ein auf dem Vergleichsstellenkörper im Gehäuse angebrachtes Quecksilberthermometer zur Kontrolle dient. Ein Fehler dieses Thermometers wird ebenfalls zur fehlerhaften Einstellung der Vergleichsstellentemperatur führen. Der Thermometerfehler wird mit $\pm 0,5°C$ geschätzt.

Eine Addition der vorstehend aufgezählten Fehler der Vergleichsstellentemperatur ergibt gegenüber dem Temperaturwert eine Abweichung von $\pm 0,9°C$. Die Temperaturen der einzelnen Vergleichsstellen jedes Thermoelementes weichen, da sie dicht beieinander auf dem sehr gut wärmeleitenden Leichtmetallklotz angebracht sind, nur geringfügig voneinander ab. Diese Abweichung wurde mit $\pm 0,1°C$ geschätzt.

3.2.4 Kompensationsfehler

In den Thermospannungskompensatoren wird der Thermospannung eine gleich große, entgegengesetzt gepolte Gleichspannung entgegengeschaltet, so daß im Thermokreis kein Strom fließen kann. Indikator für diese Stromlosigkeit ist ein äußerst empfindliches Galvanometer. Diesem haftet naturgemäß ein Meßfehler an, dessen Größe durch den sogenannten Reststrom angegeben wird, der auch dann noch durch das Galvanometer fließt, wenn dieses den Null-Wert anzeigt. Die Größe des Reststromes wird mit 1×10^{-7} A angegeben. Welchen Meßfehler er verursacht, hängt von der Größe des Widerstandes der Leitung ab, durch welche dieser Reststrom fließt. Er setzt sich zusammen aus dem Innenwiderstand des Kompensators, der mit 200 Ohm angegeben wird, und dem Außenwiderstand des Kreises, der aus den Thermoelementen, der Steckervorrichtung, den Ausgleichsleitungen und den Kupferleitungen bis zum Kompensator gebildet wird. Bei Verwendung der zunächst eingesetzten Thermodrähte mit

0,2 mm Durchmesser betrug der gesamte Leitungswiderstand 584 Ohm bei Raumtemperatur. Er stieg auf 724 Ohm an, wenn die Thermoelemente mit ihrer ganzen Länge in den Rahmen eingelaufen waren und im Maximalfall eine Temperatur von etwa 200°C erreicht hatten. Aus diesen Widerstandswerten errechnet sich ein Fehler der gemessenen Thermospannung von ±0,058 mV bzw. 0,072 mV, was zu einem Temperaturfehler von ±1,03°C bzw. ±1,29°C führt. Dabei werden die kleineren Meßfehler erreicht, wenn die Temperaturfühler gerade zu den Rahmen einlaufen und sich die Zuleitungen noch auf Raumtemperatur befinden. Beim Fortschreiten der Messung steigt der Fehler langsam an und erreicht dann seinen größten Wert unmittelbar vor Ende der Messung.

Die späterhin verwendeten Thermoleitungen aus Litze 48×0,2 mm Durchmesser lagen günstiger, weil sich der elektrische Widerstand der Thermoelementenzuleitungen stark herabsetzt. Die Meßfehler betrugen ±0,37°C. Der Einfluß der Thermoelementenzuleitung fällt hier nicht mehr ins Gewicht, so daß eine Widerstandserhöhung infolge von Erwärmung gegenüber den sonstigen konstanten Widerstandswerten nur noch äußerst gering ist und lediglich etwa 3 Ohm beträgt.

Die genannten Zahlen beziehen sich auf die Abweichung gegenüber dem wahren Temperaturwert. Das Fehlervorzeichen ergibt sich daraus, ob die wahre Temperatur im betrachteten Augenblick steigende oder fallende Tendenz hat. Da während der Messung diese Tendenzen für alle Elemente gleich sind und weil andererseits auch die Widerstände aller fünf Thermokreise nur wenig voneinander abweichen, kann die Differenz der Thermometer untereinander mit ±0,2°C geschätzt werden.

3.2.5 Tintenschreiberfehler

Es wurden Registriergeräte der Güteklasse 1,5 verwendet. Der Fehler dieser Instrumente betrug also maximal ±1,5% vom Endausschlag, das heißt im 10-mV-Meßbereich ±0,15 mV. Elektrische Kontrollen ergaben, daß die Güte der Geräte tatsächlich erheblich besser war, wenn darauf geachtet wurde, daß leichtschreibende Registrierfedern Verwendung fanden. Es wurden, und zwar gegenüber dem wahren Wert und untereinander, Abweichungen von ±0,04 mV, entsprechend einer Temperatur von ±0,72°C, gemessen.

3.2.6 Zeitverhalten der Thermometer

Kein Thermometer kann einer Temperaturänderung trägheitslos folgen – siehe auch Abschnitt 2.3 –, es ergeben sich zeitliche Verzögerungen der Anzeige, die um so größer werden, je plötzlicher die Temperaturänderung erfolgt und je langsamer das Thermometer reagieren kann. Bei der verwendeten Meßeinrichtung sind diese Trägheiten nicht nur durch jene Zeiten bedingt, welche die bei Temperaturänderung erforderlich werdende Wärmeströmung beansprucht, sondern es kommen Trägheiten der Registriergeräte und der Kompensatoren hinzu. Während einiger Vorversuche wurde das Zeitverhalten sowohl der reinen Thermoelemente – auf oszillographischem Wege – sowie der gesamten Einrichtung festgestellt. Die dabei aufgenommenen Kurven sind als Abb. 10 und 11 auf S. 43 wiedergegeben. Das 0,2 mm starke Element ist wesentlich flinker als das 0,5 mm messende. Der kleinere Fühler ist schneller als die Registriergeräte, deren Trägheiten sich in einer Vergrößerung der Zeitkonstanten äußern. In den Diagrammen B und C der Abb. 10 zeigt die Übergangsfunktion deshalb auch in der Nähe des Null-Punktes eine leichte Krümmung, die durch die Ansprechträgheit der Schreiber verursacht wird. Diese Krümmung ist beim 0,5 mm starken Element – Diagramm B und C der Abb. 11 – nicht zu finden, weil die Temperaturfühler an sich schon langsamer reagieren als die Schreiber mit ihren Kompensatoren.

Tab. I Halbwertzeiten der Thermometer

	0,2 mm	0,5 mm
Thermoelement allein	0,15 s	3,16 s
mit Universalschreiber	0,48 s	3,20 s
mit Spezialschreiber	0,74 s	3,36 s

Es fanden Thermoelemente mit einem Drahtdurchmesser von 0,5 mm und einem solchen von 0,2 mm Verwendung. Tab. I gibt die Halbwertzeiten der Thermometer an. Auf Grund dieser Ergebnisse wurde die Drahtstärke von 0,2 mm für die ersten Versuche ausgewählt, weil es mit diesen Querschnitten möglich war, die an sich nicht sehr große Anzeigegeschwindigkeit der Schreiber voll einzusetzen, während bei den größeren Querschnitten das Thermoelement selbst die Trägheit der Anlage maßgeblich bestimmt und die Tintenschreiber nicht bis zur Grenze ihrer Möglichkeit ausgenutzt werden.

Naturgemäß führen die gemessenen Halbwertzeiten zu Anzeigefehlern, deren genauere Bestimmung für die Beurteilung der erzielten Meßergebnisse wichtig ist. Nach rückschauender Betrachtung einer durchgeführten Messung kann gesagt werden, daß sich der Temperaturverlauf im Spannrahmen, bei vereinfachender Betrachtung, durch die Überlagerung zweier voneinander unabhängiger Tendenzen darstellen läßt. Einmal steigt die Temperatur, vom Rahmeneingang ausgehend, an, bis sie ihren Maximalwert erreicht hat, der über längere Zeit konstant bleibt. Diesem Grundverlauf überlagert sich eine wellenförmige Temperaturänderung, die dadurch entsteht, daß in den einzelnen Feldern des Rahmens höhere Temperaturen herrschen als zwischen diesen.

Infolge des Zeitverhaltens der Thermometer kann dieses dem Temperaturanstieg bei Messungsbeginn nicht unmittelbar folgen, sondern zeigt einen Wert an, der dem wahren Wert nacheilt. Mit fortschreitender Messung wird diese Nacheilung immer geringer, der Meßfehler ist also nicht konstant während des gesamten Versuches. Auch die Temperaturwellen, welche beim Durchlauf der Thermoelemente eine zeitliche periodische Temperaturschwankung ergeben, erzeugen einen Meßfehler, der sich einmal in einer Verringerung der Amplitude der Wellen, also in einer Dämpfung, äußert und zum anderen zu einem Nacheilen, also zu einer Phasenverschiebung führt.

Durch Rückrechnung aus den während der Versuche registrierten Temperaturverlaufkurven unter Berücksichtigung der gemessenen Halbwertzeiten der Thermometer wurde ermittelt, daß der Temperaturanstieg am Rahmeneinlauf mit guter Näherung einer Exponentialfunktion folgt. Das bedeutet, daß die Temperatur im Rahmen, am Einlauf beginnend, mit fortschreitender Rahmenlänge ansteigt, und daß sie in einer gewissen Entfernung vom Einlauf den halben Sollwert erreicht hat. Diese Halbwertlänge läßt sich mit der Warengeschwindigkeit in eine Halbwertzeit umrechnen. Der geometrisch-exponentielle Temperaturanstieg in der Maschine folgt, von einem beweglichen Bezugspunkt auf der Ware aus betrachtet, einem zeitlichen Exponentialgesetz. Unter dieser Voraussetzung läßt sich der Meßfehler der Thermoelemente errechnen. Er beträgt:

$$f = \frac{t_2 - t}{t_2 - t_1} = \frac{Z_{0,5\,T}}{Z_{0,5\,T} - Z_{0,5\,R}} e^{-\frac{0,693\,Z}{Z_{0,5\,R}} - \frac{0,693\,Z}{Z_{0,5\,T}}}$$

Darin bedeuten:

f = relativer Anzeigefehler
t_1 = Ausgangstemperatur
t_2 = Endtemperatur
t = jeweils angezeigte Temperatur
Z = Zeit, beginnend mit beginnender Temperaturänderung
$Z_{0,5\,T}$ = Halbwertzeit des Thermometers
$Z_{0,5\,R}$ = Halbwertzeit des Temperaturanstieges im Rahmeneinlauf bei gegebener Warengeschwindigkeit

In Abb. 12 auf S. 44 ist der daraus resultierende Meßfehler für zwei verschiedene Warengeschwindigkeiten in Kurvenform über der Rahmenlänge dargestellt. Schon bei der langsamen Geschwindigkeit von 10 m/min, die bei allen Messungen angestrebt wurde und sich mit der Genauigkeit der an den Rahmen befindlichen Geschwindigkeitsmeßgeräte einhalten ließ, kommt der Maximalwert des Fehlers an 15% heran. Er fällt jedoch in relativ uninteressante Temperaturbereiche, denn nach allgemeiner Ansicht ist sowohl im Thermofixierbetrieb wie auch beim Thermoisolieren das Temperaturgebiet unterhalb etwa 150°C von untergeordneter Bedeutung. Diese Grenztemperatur ist etwa in 1 m Entfernung vom Rahmeneinlauf erreicht. Bei einer Warengeschwindigkeit von 10 m/min beträgt der Meßfehler dann noch etwa 6%, fällt jedoch schnell ab und hat in 2 m Entfernung vom Wareneinlauf noch eine Größe von 1,5%. Das für 60 m/min, eine durchaus übliche Arbeitsgeschwindigkeit, durchgerechnete Beispiel gibt einen Fehler, der die 50%-Marke fast erreicht und erst in einer Entfernung von 6 m vom Rahmeneinlauf auf ca. 1% abgefallen ist. Abgesehen von der relativ schwierigen Handhabung der Ware am Rahmeneinlauf und Warenauslauf hätte also auch aus meßtechnischen Gründen eine höhere Warengeschwindigkeit als 10 m/min nicht angewandt werden dürfen.

Die dargestellte Abhängigkeit der Fehlergröße von der Rahmengeschwindigkeit ergibt sich nur aus der Zeitkonstanten des Thermometers. Auf die wahre Temperatur im Rahmen selbst hat die Geschwindigkeit also keinen Einfluß. Allerdings wird der Temperaturverlauf im Innern der Warenbahn in ähnlicher Weise von der Umgebungstemperatur abweichen.

Für die durchgeführten Messungen muß nach dem vorstehend Gesagten beim Temperaturniveau von 150°C mit einem Fehler von 6%, das heißt mit einem absoluten Fehler von 9°C gerechnet werden. Nach einem Warenweg von einem weiteren Meter ist die Umgebungstemperatur auf 190°C angestiegen, der relative Fehler beträgt noch 1,5%, die absolute Abweichung also 2,8°C. Auf der nächsten Wegstrecke von 1 m Länge vermindert sich der absolute Fehler dann auf 0,5°C.

Auch hier hat wieder zu gelten, daß die Meßstellen, weil sie annähernd gleiche Temperaturkonstanten haben und den gleichen Umgebungstemperaturverläufen ausgesetzt sind, untereinander nur geringe Abweichungen aufweisen werden. Die bei Relativmessungen anzusetzenden Meßfehler werden mit ±0,5°C geschätzt.

Eine weitere Verfälschung der Ergebnisse wird durch die schon erwähnten periodischen Temperaturschwankungen während der Messungen hervorgerufen. Diese führen entsprechen dem Zusammenhang

$$d = \frac{A_1}{A} = \cos\left(\text{arc tg}\,\frac{2 \cdot \pi \cdot Z_{0,5\,T}}{0{,}693\,Z_1}\right)$$

mit den Symbolen

A_1 = wahre Amplitude der Temperaturschwankung
A = angezeigte Amplitude
$Z_{0,5\,T}$ = Halbwertzeit des Thermometers
Z_1 = zeitliche Periodenlänge der Temperaturschwankung bei Betrachtung von der bewegten Ware aus
d = Dämpfung der Temperaturanzeige

bei einer wahren Schwankungsamplitude von 15°C und einer Periodenlänge von 19,3 s zu einem absoluten Fehler von $\pm 0,5$°C gegenüber dem wirklichen Temperaturwert. Vergleiche der einzelnen Meßstellen untereinander bringen wieder kleinere Abweichungen mit sich, die mit 0,2°C angenommen werden sollen.
Eine Gegenüberstellung des angenommenen wahren Temperaturverlaufs im Rahmen, der daraus und dem Zeitverhalten der Thermometer errechneten theoretischen Temperaturkurve und des tatsächlich gemessenen Verlaufs zeigt Abb. 13 auf S. 44. Es ist daraus anschaulich zu entnehmen, daß die angezeigte Temperatur dem wirklichen Wert nacheilt. Auch der Einfluß der einzelnen Rahmenfelder ist deutlich erkennbar.

3.2.7 Zeitliche Fehler

Werden die gemessenen Temperaturen nach zeitlichen Gesichtspunkten mit den wahren Werten verglichen, dann ergibt sich ein Nacheilen der angezeigten hinter den wirklichen Größen.
Das gilt sowohl für den Anstieg am Maschineneinlauf wie auch für die periodischen Schwankungen, wo sich die Nacheilung als Phasenverschiebung äußert. In beiden Fällen läßt sich die Nacheilzeit aus der Thermometerhalbwertzeit bestimmen, und zwar ist sie beim exponentiellen Temperaturanstieg

$$Z_n = \frac{Z_{0,5\,T}}{0,693}$$

und bei der periodischen Schwankung

$$Z_n = \text{arc tg}\, \frac{2 \cdot \pi \cdot Z_{0,5\,T}}{0,693\, Z_0}$$

mit

Z_n = Nacheilzeit
$Z_{0,5\,T}$ = Thermometerhalbwertzeit
Z_0 = zeitliche Periodenlänge

Bei einer Warengeschwindigkeit von 10 m/min betragen die Nacheilzeiten

für den exponentiellen Anstieg unabhängig von der Warengeschwindigkeit $Z_n = 1,10$ s
für die periodische Schwankung bei 10 m/min Warengeschwindigkeit $Z_n = 0,37$ s
Bei Umrechnung auf Maschinenlänge ergibt sich, daß der Temperaturanstieg am Rahmeneinlauf bei der genannten Warengeschwindigkeit um 18,3 cm und die periodische Schwankung um 6,2 cm verschoben angezeigt werden.

3.2.8 Gesamtfehler der Anlage

Die Addition aller vorstehend aufgeführten Fehler führt zu absoluten Fehlergrößen, die zwischen $+4{,}4\,°C$ und $-13{,}6\,°C$ liegen. Bei einem Skalenwert von $230\,°C$ lassen sich daraus die relativen Meßfehler bestimmen. Sie betragen:

1. Bei Verwendung von Thermodrähten mit 0,2 mm Durchmesser gegenüber der wahren Temperatur der Umgebung

$-1{,}8$ bis $+2{,}0\%$
$-5{,}7$ bis $-2{,}2\%$

2. Bei Verwendung von Thermoelementenzuleitungen aus 48 Einzeldrähten mit 0,2 mm Durchmesser

$-2{,}2$ bis $+1{,}5\%$
$-5{,}6$ bis $-1{,}7\%$

Der erste Teil dieser Angabe gilt dabei etwa 1 m vom Rahmeneinlauf entfernt, also ungefähr für die Stelle, an der die Temperatur von $150\,°C$ erreicht wurde. Die Änderung des Fehlerwertes auf die an zweiter Stelle angegebene Größe geht im Laufe von etwa 1,5 m weiteren Weges im Rahmen vor sich. Dieser Fehler bleibt dann annähernd gleich.

3. Der Meßfehler bei Vergleich der einzelnen Stellen gegeneinander beträgt, unabhängig von der Art der verwendeten Thermoelemente und unabhängig von der Lage der Meßstellen im Rahmen, etwa $\pm 3{,}2\,°C$, das entspricht bei einem Skalenendwert von $230\,°C$ einem relativen Fehler von $\pm 1{,}4\%$.

Diese Fehleraufstellung macht deutlich, daß die gewählte Meßmethode es nicht gestattet, die wirklichen Umgebungstemperaturen im Spannrahmen an allen Stellen mit genügender Genauigkeit zu ermitteln. Ihre Kenntnis wäre jedoch von untergeordneter Bedeutung, weil diese Umgebungstemperatur sicherlich der tatsächlich in der Ware herrschenden Temperatur nicht entspricht. Unter der Voraussetzung aber, daß bei allen fünf durch den Rahmen laufenden Meßstellen die gleichen äußeren Verhältnisse herrschen, und daß nur geringfügige Abweichungen voneinander gemessen werden sollen, ist mit einem Fehler von $\pm 1{,}4\%$, bezogen auf den Skalenendwert, zu rechnen. Hierbei handelt es sich um eine Fehlergröße, die dem Einsatz der Anlage für den genannten Zweck sinnvoll erscheinen läßt.

Das zeitliche Nachhinken der Anzeige äußert sich im Diagramm für die Anstiegsphase als Verschiebung um etwa 4,2 mm. Bei einer mittleren Diagrammlänge von etwa 200 mm muß danach mit einem relativen Fehler von $-2{,}1\%$ gerechnet werden, während er bei der periodischen Schwankung $-0{,}4\%$ beträgt. Da der zeitliche Fehler immer in einem Nacheilen besteht, beeinflußt er die Bestimmung von Kontaktzeiten (siehe Abschnitt 7.2) nicht.

4. Versuchsdurchführung

Vor Beginn der Versuche mußte die Temperaturkonstanz der Vergleichsstelle abgewartet werden. Diese benötigte zum Aufheizen etwa 30 Minuten. Der Aufheizvorgang wurde, während in der Steckvorrichtung an Stelle der Thermoelemente ein Kurzschlußstecker war, gemessen. Dabei stellte der Verbindungsstecker ein Thermoelement dar, das auf der annähernd gleichbleibenden Raumtemperatur lag. Beim Ingangsetzen des Registriervorganges läßt sich dann eine Veränderung der Vergleichsstellentemperatur deutlich beobachten und das Erreichen des Sollwertes feststellen. Weiterhin wurde vor Beginn jeder Messung mit Hilfe eines Röhrenvoltmeters der elektrische Widerstand aller fünf Thermoelemente durchgemessen. Dadurch ließen sich sehr einfach Drahtbrüche feststellen. Die Beseitigung eventuell aufgetretener Brüche erfolgte in jedem Fall durch Hartlötung. Es ist dabei zu bemerken, daß Drahtbrüche bei den 0,2-mm-Durchmesser-Leitungen relativ häufig, bei den 0,5 mm starken Drähten seltener auftraten. Die $48 \times 0,2$-mm-Durchmesser-Litze brauchte nicht mehr geflickt zu werden.

Vor die Warenbahn, welche die Thermoelemente trug, wurde stets ein Vorläufer genäht, der etwa die dreifache Länge des Maschineninhaltes haben soll. Dieser diente dazu, die Temperaturverhältnisse im vor der Messung leer laufenden Rahmen zu stabilisieren und praxisgerechte Zustände herzustellen. Der Vorläufer und die Ware mußten von Hand in den Spannrahmen so eingelegt werden, daß keine Klemmstellen zwischen Walzen oder Reibungsstellen in Spannvorrichtung durchlaufen wurden. Zu diesem Zwecke lag die aufgetafelte Ware auf einer Plattform vor dem Einlaufstand der Maschine. Bei stillstehenden Ketten, in den meisten Fällen wurden Nadelketten verwendet, wurde der Anfang des Vorläufers in die Nadeln eingehängt, nach dem Anfahren mußten zwei Bedienungspersonen, je eine an jeder Warenkante, für einwandfreien Einlauf und Beibehaltung eines genügenden Zuges in Laufrichtung sorgen. Zunächst lief dann der Vorläufer durch den Rahmen hindurch. Im Augenblick des Einlaufens der Meßstellen wurden alle fünf Tintenschreiber durch einen gemeinsamen Schalter in Betrieb gesetzt. Es ergab sich zunächst bei allen Meßstellen eine abfallende Kurve, die dadurch zu erklären ist, daß die Temperatur der Meßstellen von der Raumtemperatur auf ein höheres Temperaturniveau ansteigt, während sich die Vergleichsstellentemperatur bei 50°C befindet. Es wird zunächst die Temperaturdifferenz stetig kleiner. Sie erreicht, für alle fünf Meßstellen annähernd gleichzeitig, den Wert Null. In diesem Augenblick mußten all fünf Meßstellen umgepolt werden, was wiederum durch einen gemeinsamen Schalter geschah. Jetzt beginnt die eigentliche Messung. Naturgemäß zeigen sich während des Umschaltvorganges Unregelmäßigkeiten, da die Temperatur von $+50°C$ nicht absolut gleichzeitig an allen fünf Meßstellen erreicht wird. Diese Störungen klingen jedoch sehr schnell wieder ab und sind im interessierenden Bereich, der, wie schon gesagt, im Regelfall bei 150°C beginnt, verschwunden.

Soweit die gesamte Ware in den Rahmen hineingelaufen ist und somit das Warenende eingenadelt wurde, muß die Steckverbindung zwischen Ware und Meßgerät getrennt werden. Von diesem Zeitpunkt an ist der Meßstromkreis geöffnet, die elektrischen Außenwiderstände an den Kompensatoren werden unendlich groß, damit steigt automatisch der Fehler auf sehr große Werte, die Tintenschreiber nehmen eine von Zufälligkeiten abhängige Stellung ein, im allgemeinen wandern die Zeiger entweder in die linke oder in die rechte Endstellung.

An der Auflaufseite der Maschine wurde die Ware von Hand aus den Nadeln der Kette genommen und auf einer Palette abgetafelt. Der gesamte Vorgang war beendet, wenn das steckerseitige Ende der Warenbahn aus der Maschine herausgelaufen ist. Die aufgetafelte Ware wurde dann zur Einlaufseite des Rahmens zurücktransportiert. Hier erfolgte die Kühlung des nunmehr heißen Steckers an der Ware durch einen Luftstrom oder mittels Kältespray. Sowie der Stecker annähernd auf Raumtemperatur gelangt war, wurde die Steckverbindung wieder geschlossen. Jetzt mußte die bereits genannte Zeit von 15 Minuten eingehalten werden, um zu einem möglichst vollständigen Temperaturausgleich in der Steckvorrichtung zu kommen. Während dieser Zeit bestand Gelegenheit, die Widerstände der Elemente erneut zu überprüfen und gegebenenfalls die Drähte instand zu setzen.

5. Spannrahmen, an denen gemessen wurde

Im Zuge der Bearbeitung des Vorhabens wurden insgesamt 322 Einzelmessungen an 15 verschiedenen Spannrahmen, und zwar sowohl an Planrahmen wie an Etagenrahmen durchgeführt. Es handelte sich um Rahmen von verschiedenen Herstellern, die so ausgewählt wurden, daß sie von möglichst unterschiedlicher Konstruktion waren. Diese Unterschiede bestanden einmal im Aufbau, insbesondere in der Anzahl der Fixierfelder und der Rahmenbreite sowie in der Art der Beheizung. Alle Rahmen waren von geschlossener Bauart, offene Rahmen, wie sie gelegentlich noch zu finden sind, wurden nicht untersucht.
Unter den Planrahmen befanden sich solche mit zwei, drei, vier, fünf und sechs Fixierfeldern, wobei vor die Fixierfelder gelegentlich Trockenfelder und dahinter Kühlfelder geschaltet waren.
Die Etagenrahmen besaßen vier bzw. sechs Etagen mit insgesamt vier bzw. sechs Fixierfeldern und nachgeschalteten Kühlfeldern. Eine Reihe verschiedener Beheizungsarten wurden an den Rahmen vorgefunden.
Bei der reinen Dampfbeheizung wird die im Rahmeninneren umgewälzte Luft durch dampfbeheizte Wärmeaustauscher erhitzt.
Die kombinierte Dampf- und Elektrobeheizung kann unterschiedlich aufgebaut sein. Je nach Rahmenkonstruktion werden entweder einzelne Felder nur mit Dampf, andere nur elektrisch beheizt oder bei allen Feldern des Rahmens erfolgte die Beheizung gleichzeitig mit Dampf und Elektrizität. Auch hier kommt der Dampf mit der Ware nicht in Berührung, sondern erwärmt über Austauschaggregate die Luft.
Die reine Elektrobeheizung fand an insgesamt drei der untersuchten Etagenrahmen Verwendung. Auch hier wird die Luft über Wärmeaustauscher aufgeheizt, eine direkte elektrische Strahlungsbeheizung wurde an den untersuchten Rahmen nicht vorgefunden. Bei der direkten Ölbeheizung wird über Wärmeaustauscher die Luft von Ölbrennern, die in den Rahmen eingebaut sind, erwärmt. In einem Fall war die direkte Ölbeheizung mit einer Dampfheizung kombiniert, bei welcher der Dampf direkt in die letzten beiden Fixierfelder des Rahmens eingeblasen wurde. Dabei kommt dem Dampf wohl mehr eine Bedeutung als Feuchtigkeitsträger zu. Seine Temperatur jedenfalls liegt unter der an der Einblasestelle im Rahmen ohnehin schon erreichten. Unter diesem Gesichtspunkt ist der Dampf fast als Kühlmittel anzusehen, wobei der Kühleffekt jedoch infolge der kleinen spezifischen Dampfwärme und der geringen Dampfmengen nicht sehr wirkungsvoll sein kann. Er wird intensiver, wenn Kondensation und Übergang zu Naßdampf erfolgt.

Eine indirekte Ölbeheizung wurde in einem Fall vorgefunden. Hier verwendet man einen ölbeheizten Kessel, der vom Rahmen abgesetzt ist. Der Wärmetransport zum Rahmen findet über einen Ölkreislauf statt, wobei die Rahmenluft wiederum über Austauscher ihre Wärmeenergie erhält.

Die Arbeitsbreite der Spannrahmen, an denen gemessen wurde, lag im Minimum bei 0,52 m, das Maximum betrug 3 m.

Es wurden, je nach den an den Rahmen jeweils vorliegenden Aufgabenstellungen, bei unterschiedlichen Rahmentemperaturen gemessen. Diese lagen im Bereich zwischen 150 und 220°C.

Alle Rahmen waren mit einer Heizungsregelung versehen. Häufig ließ sich dabei eine Grundlast von Hand schalten und lediglich die Spitzen wurden ausgeregelt. Das war vor allem bei der elektrischen Beheizung und in einigen Fällen bei der Dampfbeheizung sowie der kombinierten Dampf- und Elektroheizung der Fall. In der Wirkungsweise ähnlich ist die indirekte Ölbeheizung infolge ihres durch das Wärmetransportöl und den Kesselinhalt gegebenen Speichervermögens. Bei der direkten Ölbeheizung werden die einzelnen Ölbrenner vom Regler je nach Bedarf gezündet und abgeschaltet. Die Arbeitsgeschwindigkeit der Rahmen betrug in den meisten Fällen 10 m/min, was oft der kleinsten nur möglichen Geschwindigkeit sehr nahe kam. Bezüglich dieses Wertes, seiner Genauigkeit und der Reproduzierbarkeit wurden große Unterschiede vorgefunden. Sie bestanden darin, daß bei einigen Maschinen das Anfahren des Rahmens bei Versuchsbeginn durch einen einfachen Knopfdruck ausgelöst wurde. Eine einmal gewählte Arbeitsgeschwindigkeit stellte sich dann automatisch immer wieder ein. Es war also sicher, daß mehrere nacheinander vorgenommene Messungen stets mit der gleichen Warengeschwindigkeit gefahren wurden.

Bei anderen Spannrahmen mußte die Maschinengeschwindigkeit nach jedem Stillstand neu, von Hand, angefahren werden. Dabei ließ sich eine allzu große Genauigkeit nicht erreichen, und die tatsächliche Geschwindigkeit variierte von Messung zu Messung, was gewisse Schwierigkeiten bei der Diagrammauswertung zur Folge hatte.

6. Meßergebnisse

Die Meßergebnisse fallen in Form von Tintenschreiberdiagrammen auf Registrierpapier mit 70 mm Nutzbreite an. Ein solches Diagramm zeigt in der Abszisse die Zeit bzw. nach Umrechnung mit der Warengeschwindigkeit im Rahmen und der Papiertransportgeschwindigkeit die Rahmenlänge, und zwar im linearen Maßstab. In der Ordinate wird die gemessene Temperatur aufgetragen. Sie beginnt bei 50°C und endet bei etwa 230°C. Der Temperaturmaßstab ist – infolge der Eigenheiten der Thermoelemente – schwach verzerrt.

Die Abb. 14 auf S. 45 gibt den charakteristischen Verlauf der drei Hauptdiagramme einer beliebigen Messung wieder. Die Diagramme beginnen mit einem senkrechten Strich, der im vorliegenden Fall dem Ort einer Stützrolle, die sich vor dem Einlauf in die Heizkammer befindet, entspricht. In dieser Situation ist die Polung der Thermoelemente zur Messung von Temperaturen unterhalb 50°C geschaltet. Die Meßstellen der Elemente befinden sich in der aufgetafelten Ware, die von der vorhergehenden Messung noch warm ist und haben Temperaturen angenommen, die im allgemeinen über 50°C liegen, zunächst befindet sich also die Registrierfeder unterhalb der Null-

Linie außerhalb des Meßbereiches. Während der vor die Meßware gespannte Vorläufer in den Rahmen einläuft, vermindert sich der auf den Meßstellen liegende Warenstapel kontinuierlich, bis diese schließlich freigelegt werden und in das Einnadelungsfeld des Rahmens gelangen. Hier unterliegen sie dem Einfluß der Raumtemperatur, die Thermospannung steigt an und nimmt, je nach der ursprünglich im Fühler wirksam gewesenen Temperatur ein unterschiedliches Niveau an, das jedoch unterhalb von 50°C liegt, also einen Ausschlag im Diagramm verursacht. Schließlich erreichen die Meßstellen die vorerwähnte Stützrolle. Bis zu diesem Zeitpunkt war der Papiervorschub aller Schreiber ausgeschaltet. Der geschilderte Temperaturverlauf äußert sich also lediglich in einem Hin- und Herwandern der Schreiberfeder auf dem stillstehenden Papier, wobei eine der Ordinate parallele Linie geschrieben wird.

Mit dem Einschalten des Papiervorschubes beim Überlaufen der Meßstellen über die Rolle setzen sich alle Registrierpapiere synchron in Bewegung. Nach kurzer Zeit erreichen die Thermoelemente die Heizkammer und laufen in diese ein. Dabei nähert sich ihre Temperatur wieder dem Umschaltwert von 50°C, das heißt, die gemessene Thermospannung fällt ab. Hat diese den 50°C-Wert erreicht, werden alle Elemente gleichzeitig umgepolt. Von diesem Zeitpunkt an steigt mit ansteigender Temperatur die Thermospannung und erst für diesen Zustand gilt die in Abb. 14 an den Diagrammen angebrachte Ordinatenteilung. Weil im Normalfall vor dem Umschalten alle Elemente auf unterschiedlichen Temperaturen sind und den Umschaltwert von 50°C nicht gleichzeitig erreichen, ergibt sich im Augenblick der Umschaltung eine gewisse Störung der Messung. Im Beispiel der Abb. 14 wurde die Umschaltung zeitrichtig für die in der Mitte der Ware laufende Meßstelle vorgenommen. Sie erfolgte dadurch für die linke Warenseite etwas zu spät, für die rechte dagegen zu früh. Die Darstellung der Umschaltpunkte in den Diagrammen erklärt sich aus dem Zeitverhalten der Thermometer.

Vom Umschaltzeitpunkt an läuft die Messung normal ab, im allgemeinen steigen die Temperaturen zunächst stark, späterhin schwächer an, erreichen ein gewisses Niveau, das über eine Zeitlang konstant erhalten bleibt, und fallen, nachdem die Thermoelemente den Rahmen verlassen haben, wieder ab.

Die Messung ist jetzt beendet, die Ware muß jedoch noch durch den Rahmen hindurchlaufen, die Steckverbindung zu den Thermoelementen ist zu lösen. Dadurch sind die Tintenschreibereingänge zunächst offen, das heißt, der Außenwiderstand wird unendlich groß, und der Anzeigefehler nimmt einen undefinierten Wert an. In der geschilderten Abbildung für die Meßstellen links und Mitte liegt dieser Wert unterhalb der Null-Linie, für das Element rechts wandert der Tintenschreiber zum Maximalausschlag.

Für die durchgeführten Messungen interessiert der Temperaturverlauf erst nach Umschalten der Elemente. Der davor befindliche Teil kann zu Fehlschlüssen führen, weil die Temperaturskala nicht für ihn gilt. Bei allen im folgenden wiedergegebenen Diagrammen wird er deshalb fortgelassen und die Anzeige erst, beginnend mit dem Umschaltzeitpunkt, wiedergegeben. Ebenso werden die Auswanderungen der Tintenschreiber nach Beendigung der Messung nicht dargestellt. Die Längenmarkierung in den im folgenden wiedergegebenen Diagrammen beginnt nicht wie bei Abb. 14 mit der Stützrolle vor dem Heizkammereinlauf, die bei einigen Maschinenkonstruktionen fehlt, bei anderen durch ein Blech ersetzt ist, und im übrigen unterschiedliche Abstände vom Heizkammereinlauf hat. Die Stützvorrichtung kann nicht als charakteristischer Punkt des Rahmens gelten, ihre Benutzung als Marke für den Messungsbeginn hat sich aber als unpraktisch erwiesen. Als Anfangspunkt für die Abszissenteilung der Temperaturdiagramme wurde deshalb der Einnadelungsort gewählt. Je nach der Länge des

Diagramms und der Größe des freilaufenden Nadelfeldes ist der Null-Punkt für die Warenlänge in den Diagrammen wiedergegeben oder fortgelassen worden. Die Abb. 15 bis 21 (auf S. 45–48) zeigen einige charakteristische Diagrammverläufe, wie sie bei unterschiedlichen Bedingungen bezüglich der Meßeinrichtung an verschiedenen Rahmen aufgenommen wurden. Am ausgeglichensten ist der Verlauf bei einer Messung mit 0,5 mm starken Thermoelementen, die in einem Ausschnitt der Trägerware angeordnet und beiderseits mit dünnem Gewebe, Quadratmetergewicht etwa 160 g/cm, bedeckt sind (Abb. 15 auf S. 45). Ein unter ähnlichen Bedingungen am gleichen Rahmen, jedoch mit freiliegenden, 0,5 mm starken Thermoelementen aufgenommenes Diagramm ist in Abb. 16 auf S. 46 wiedergegeben. Es unterscheidet sich von der Abb. 15 außer durch die Stauchung in Längsrichtung, die sich aus einer kleineren Papiervorschubgeschwindigkeit am Schreiber ergibt, besonders durch den ausgeprägteren Verlauf der die ersten beiden Felder der oberen Etage des Rahmens, welche sich als zwei flache Erhebungen darstellen, gut erkennen läßt. Der darauf folgende etwas tiefere Einbruch ist auf die Umlenkstelle zwischen beiden Etagen zurückzuführen. Das erste Fixierfeld der zweiten Etage ist erkennbar, weitere Felder wurden nicht erfaßt, da die Warenbahn für den untersuchten Rahmen etwas zu kurz war und der Meßanlaß die genauere Durchleuchtung der Verhältnisse zwischen den beiden ersten Etagen war. Die Abb. 17 und 18 auf S. 46 und 47 stammen aus Messungen an zwei verschiedenen Planrahmen. Beide Messungen wurden mit 0,5 mm starken, freiliegenden Temperaturfühlern durchgeführt. Der unterschiedliche Verlauf dieser Kurven resultiert aus dem Rahmenaufbau. Abb. 17 wurde an einer Maschine aufgenommen, die, in Warendurchlaufrichtung gesehen, ein Trockenfeld, zwei Fixierfelder und ein Kühlfeld hat. Während die beiden Fixierfelder auf hoher Temperatur liegen, zeichnet sich das Trockenfeld relativ schwach ab. Die Temperatur der Kühlzone liegt unterhalb der Fixiertemperatur. Auf Abb. 18 ist das Diagramm eines Planrahmens mit Dampfbeheizung zu sehen. Es weist einen im Vergleich zu Abb. 17 ausgeglicheneren Verlauf auf. Da Thermometer mit identischem Zeitverhalten verwendet wurden, läßt der Kurvenverlauf eine vergleichende Betrachtung beider Maschinen zu.
Die Messung mit der kleinsten Zeitkonstante wird durch freiliegende, 0,2 mm starke Thermoelemente ermöglicht. Aus solchen Messungen stammen die Diagramme der Abb. 19 und 20 auf S. 47 und 48. Insbesondere die Abb. 20 zeigt in den kleinen, oft fast eckig wirkenden Unregelmäßigkeiten deutlich das schnelle Reaktionsvermögen der Meßeinrichtung. Allerdings wird hier auf der Warenoberfläche gemessen, die Ware selbst wird also den schnellen Änderungen, die das Thermoelement noch anzeigen kann, nicht folgen. Aus diesem Grunde scheint die Verwendung bedeckter Elemente zweckmäßig. Ein Beispiel einer Messung, bei der 0,2 mm starke, mit Gewebe bedeckte Thermoelemente verwendet wurden, die durch eine Litze niedrigen Widerstandes mit dem Warenende verbunden sind, zeigt Abb. 21 auf S. 48. Nach Ansicht des Verfassers ist die damit demonstrierte Art der Messung die am besten geeignete.

7. Auswertung der Diagramme

Die Auswertung der Diagramme kann nach einer Reihe unterschiedlicher Methoden erfolgen. Sehr aufschlußreich ist in jedem Fall die subjektive Betrachtung der Diagramme und ihr Vergleich untereinander. Exakte Ergebnisse lassen sich durch Ausmessen der Diagramme und die zahlenmäßige Erfassung bestimmter Werte erreichen. Diese objektive Diagrammauswertung bringt bei erhöhtem Arbeitsaufwand genauere Resultate.

Während die objektive Begutachtung eingesetzt werden kann, um unmittelbar nach der Messung einen Eindruck vom Ergebnis zu bekommen, und eventuell eine Verbesserung der Versuchsbedingungen bewirkt, sollte eine objektive, exakte Auswertung der Diagramme zu einem späteren Zeitpunkt stets durchgeführt werden.

7.1 Die subjektive Diagrammauswertung

Diese Art der Auswertung kann sich einmal auf die Betrachtung eines einzigen Diagramms stützen und aus diesem Schlüsse auf die Funktion des Rahmens herleiten. So gab die in Abb. 16 bei einer Länge zwischen 21 und 23 Metern festgestellte Absenkung der Temperatur Anlaß zu konstruktiven Maßnahmen an der Maschine. Durch eine Änderung in der Luftführung konnte erreicht werden, daß der Einbruch zwar nicht ganz verschwand, jedoch wesentlich flacher wurde.

Weitere Möglichkeiten der subjektiven Auswertung liegen im Vergleich der Diagramme. Hierbei können entweder gleichzeitig aufgenommene Kurven, die beispielsweise von den Warenkanten und der Warenmitte stammen, betrachtet werden, oder es lassen sich zeitliche Veränderungen im Rahmen durch Gegenüberstellung nacheinander gefahrener Versuche feststellen. Bei solchen Vergleichen hat es sich als zweckmäßig erwiesen, nicht nur jeweils ein Diagramm zu vergleichen, sondern Gegenüberstellungen von gemittelten Kurven vorzunehmen, um zu gesicherten Aussagen über eventuelle vorhandene Temperaturunterschiede zwischen Warenmitte und den Kanten zu kommen. Zur Mittlung von Kurven werden die Originaldiagramme so übereinandergelegt, daß ihre Abszissen sich decken und die während der Messung bei Meßbeginn auf allen Abszissen eingezeichneten Koinzidenzmarken übereinanderliegen. Die so geordneten Diagramme können durchleuchtet werden, dabei läßt sich eine subjektive geschätzte Mittelwertskurve zeichnen. Bei der Mittelwertschätzung ist vom Verfahren der gewogenen Mittel auszugehen, das heißt, mehrere Kurven, die den gleichen Momentantemperaturwert haben, gehen in das Mittel stärker ein als eine einzige Kurve, deren Temperaturwert abweicht.

Das Durchleuchtungsverfahren zur Mittelwertbildung ist dann nicht mehr geeignet, wenn fünf Diagramme übereinandergelegt werden müssen. Die untere Kurve tritt dabei optisch mit einer zu kleinen Helligkeit in Erscheinung, und der Zeichner ist geneigt, dieser nur schwach durchscheinenden Kurve eine kleinere Bedeutung zuzumessen als der obersten, deutlich erscheinenden. In solchen Fällen sollten alle zu mittelnden Kurven nacheinander auf ein einziges Transparentpapier durchgezeichnet werden. Anschließend ist über dieses Blatt ein weiteres zu legen, um aus den fünf Kurven eine Mittelwertkurve zu bilden.

Auf die beschriebene Weise erzeugte Mittelwertkurven lassen sich gut miteinander vergleichen.

Äußerst wichtig ist die Mittelwertbildung zum Beispiel dann, wenn mit freiliegenden Thermoelementen gearbeitet wurde. Hier weichen die an der Warenoberseite und der Warenunterseite gemessenen Werte stets voneinander ab. Soll die Gleichmäßigkeit der

Temperatur über die Warenbreite geprüft werden, so ist eine Mittelwertbildung von Werten, die von der Warenoberseite und der Warenunterseite stammen, nicht zu umgehen. Bedeckte Elemente, die bezüglich der Warenober- und -unterseite symmetrisch aufgebaut sind, messen von sich aus einen gemittelten Wert.

Ein Beispiel für die zeitliche Streuung der Meßergebnisse ist mit Abb. 22 auf S. 49 gegeben. Hier sind zwei Messungen dargestellt, die unmittelbar nacheinander, mit einem zeitlichen Zwischenraum von etwa 20 Minuten, unter den gleichen Sollbedingungen am gleichen Rahmen gefahren wurden. Das obere Diagramm dieser Abbildung zeigt eine gute Deckung aller drei dargestellten Temperaturkurven, die zu den Warenkanten und der Warenmitte gehören. Das darunterliegende Diagramm weist Abweichungen zwischen den Kurven auf. Hier ist also eine Mittelung, getrennt für jede Warenkante und die Warenmitte über eine Anzahl von Messungen erforderlich, wegen der unterschiedlichen Diagrammlänge, die durch Schwierigkeiten bei der genauen Einstellung der Arbeitsgeschwindigkeit des Rahmens bewirkt wird, aber nach der subjektiven Methode nicht möglich. Die Abb. 23 und 24 auf S. 49 und 50 stellen Situationen dar, in denen sich die Mittelung über alle fünf Meßstellen eines einzigen Versuches als günstig erwiesen hat. Hier wurden in beiden Fällen grundsätzliche Maßnahmen an der Meßeinrichtung bzw. an der Maschine untersucht. Abb. 22 zeigt deutlich, wie sich das Meßergebnis ändert, wenn an Stelle von freiliegenden Elementen bedeckte Meßstellen verwendet werden. Die größere Trägheit der Messung »im Gewebe« bewirkt, daß der Temperaturanstieg bei diesem Versuch langsamer vor sich geht als bei der Messung mit unbedeckten Elementen. Aus dem gleichen Grunde erfolgt der Temperaturabfall beim Auslaufen durch die Kühlzone des Rahmens ebenfalls langsamer. Die von den einzelnen Feldern des Rahmens verursachte wellige Form bei den freiliegenden Elementen wird durch die bedeckten Elemente stark gedämpft und deutet sich nur noch an. Der erreichte Maximalwert hat nicht die Höhe, die mit den freiliegenden Elementen gemessen wurde. Es ist ersichtlich, daß beide Meßmethoden ganz unterschiedliche Ergebnisse liefern. Die Messung an der Warenoberfläche erfaßt im wesentlichen die Temperatur der Luft in unmittelbarer Warennähe. Diese Messung ist vom Gewicht der verwendeten Ware unabhängig. Das Meßergebnis im Gewebe, das heißt das mit beiderseits bedeckten Thermoelementen erreichte, wird vom Quadratmetergewicht der Elementenabdeckung beeinflußt. Es muß also von Fall zu Fall entschieden werden, welche Ware zweckmäßig als Bedeckungsmaterial verwendet wird. Danach wird sich die Größe der Anzeigendämpfung richten.

Abb. 24 auf S. 50 zeigt, wiederum bei Mittelung über die Rahmenbreite, Meßergebnisse, mit Hilfe derer festgestellt werden sollte, wie sich die Anbringung einer zusätzlichen Luftführung auf die Temperatur in einem Etagenrahmen an der Umlenkstelle zwischen der obersten und der darunterliegenden Etage auswirkt. Es ergab sich, daß die Anordnung des Luftleitkanals die Anhebung der Temperatur an der fraglichen Stelle zur Folge hatte. Allerdings, und das läßt sich der Abb. 24 nicht entnehmen, ist die Wirkung dieser Einrichtung an der rechten Warenseite erheblich größer als an der linken. Es stellte sich also in der Umlenkzone ein Temperaturgefälle von der rechten Warenseite über die Warenmitte zur linken Seite hin ein.

Die Diagrammittelung ist auch bei subjektiver Beurteilung des Einflusses der gewählten Nenntemperatur auf den Kurvenverlauf förderlich. Abb. 25 auf S. 50 gibt ein diesbezügliches Beispiel. Am gleichen Rahmen wurden mit den gleichen Thermometern bei den Solltemperaturen 185°C, 205°C und 215°C gemessen. Die aus je vier Messungen mit je fünf Elementen stammenden Diagramme wurden durch zeichnerische Bildung der Mittelkurve so zusammengefaßt, daß sich für jede Temperaturstufe ein Kurvenzug ergibt.

Eine besondere Bedeutung kommt im Zusammenhang mit der subjektiven Diagrammbeurteilung der kritischen Betrachtung von Anzeigewerten der in den Rahmen fest eingebauten Thermometer zu. Werden diese Instrumente gleichzeitig mit der Messung nach der Durchlaufmethode abgelesen, dann kann daraus unter Umständen ermittelt werden, welcher Heizregelkreis am Rahmen ungünstig arbeitet. So wurde beispielsweise an einem Etagenrahmen auf Grund derartiger Vergleiche festgestellt, daß sich eine mit einem Einstellknopf am Regler verbundene Skala auf ihrer Achse etwas gelockert hatte und sich ständig verstellt. An einem anderen Etagenrahmen wurden langzeitliche Veränderungen der Temperaturfühler für die Heizregler gefunden. Eventuell kann auch ein bestimmtes Thermometer infolge seiner Anordnung im Rahmen und seiner meßtechnischen Eigenschaften besonders charakteristische Aussagen über die Rahmenfunktion liefern. Auf Grund von Messungen mit der Warenbahn wurden in einigen Fällen derartige allergische Punkte in der Maschine gefunden, deren ständige Überwachung eine erhebliche Verbesserung im Arbeitsergebnis der Heißbehandlung brachte.

7.2 Die objektive Diagrammauswertung

Im Gegensatz zur subjektiven Begutachtung und Abschätzung der Diagramme, die schnell zu Aussagen über Eigenschaften eines Spannrahmens führen, steht die objektive Auswertemethode, bei welcher nicht mehr persönliche Eindrücke und Ansichten, sondern exakte, belegbare Zahlenwerte bei allerdings vermehrtem Aufwand an Arbeit und Zeit zu zuverlässigeren Resultaten führen.

Den während der Messung aufgezeichneten Diagrammen lassen sich zunächst zahlenmäßige Angaben über die festgestellten Maximalwerte entnehmen. Auch andere, beispielsweise zu bestimmten Stellen im Rahmen gehörende Temperaturen und die Zeiten, nach Umrechnung mit dem Diagrammpapiervorschub und der Warengeschwindigkeit im Rahmen auch die Rahmenlängen, können ermittelt werden. Diese Möglichkeiten lassen sich zu einer objektiven Auswertung der Diagramme nutzen.

So ist beispielsweise die im vorstehenden Kapitel beschriebene subjektive Ausmittelung von Diagrammen durch eine exakte Methode ersetzbar. Dazu müssen die zu einer großen Anzahl von Abszissenwerten gehörenden Temperaturen festgestellt und gemittelt werden, worauf sich eine Mittelwertkurve punktweise zeichnen läßt. Ebenso ist es möglich, zu den einzelnen Temperaturmittelwerten Vertrauensbereiche zu errechnen und für die Mittelwertkurve eine Vertrauensbreite anzugeben. Diese Methoden sind allerdings äußerst zeitraubend und versprechen kein erheblich besseres Ergebnis als die subjektive Mittelwertbildung, können jedoch gelegentlich notwendig werden.

Von besonderem Interesse ist der bei den Messungen festgestellte Temperaturhöchstwert. Nach allgemeiner Ansicht sollte er zumindest die im Rahmen eingestellte Solltemperatur erreichen. Er läßt sich den Diagrammen an der Stelle, an welcher die Kurve ihre höchste Erhebung hat, leicht entnehmen. Im allgemeinen liegt der Temperaturhöchstwert etwa in der Rahmenmitte oder zwischen dieser und dem Maschinenauslauf. Das bedeutet, wie in Kapitel 3.2.8 bei der Betrachtung des Gesamtfehlers der Meßeinrichtung dargestellt wurde, daß diese Angaben mit voraussichtlichen Fehlern zwischen etwa $+1,5\%$ und $-1,7\%$ gemacht werden können.

Sowohl Thermofixiervorgänge wie auch der Thermosolprozeß verlangen nicht nur die Einhaltung bestimmter Temperaturwerte, sondern es wird darüber hinaus gefordert, daß diese Werte eine gewisse Zeitlang auf die zu behandelnde Ware einwirken sollen. Es müssen sogenannte Kontaktzeiten eingehalten werden. Diese resultieren daraus, daß einmal die erforderlichen chemischen Vorgänge für ihren Ablauf gewisse Zeiten benötigen, und daß zum anderen das Aufheizen des Gewebeinnern, auch wenn an der Oberfläche die Solltemperatur schon erreicht wurde, verzögert erfolgt. Hinzu kommen, beim Thermosolprozeß, Zeiten, die für die Diffusion des Farbstoffes in das Faserinnere nötig sind. Wie sich eine erforderliche Gesamtkontaktzeit auf die einzelnen Zeitanteile verteilt, ist bisher unbekannt. Die Ermittlung von gemessenen Kontaktzeiten aus den registrierten Diagrammen ist relativ einfach. Es muß, für eine genügend große Anzahl von Temperaturen, ausgemessen werden, über welche Abszissenlänge die Anzeige oberhalb des jeweils gewählten Temperaturwertes lag. Die Kontaktzeitkurve entsteht dann so, daß in Ordinatenrichtung wiederum die Temperaturen aufgetragen werden. Von den jeweils gewählten Temperaturwerten nach rechts fortschreitend wird in Abszissenrichtung die dazugehörige Kontaktzeit abgetragen. Die so erhaltenen Punkte lassen sich durch eine Kurve verbinden. Bei Verwendung der Maßstäbe des Originaldiagramms muß der Flächeninhalt unter der Kontaktzeitkurve dem Flächeninhalt unter dem Diagramm der Messung, bei Berücksichtigung der unteren Temperaturgrenze, gleichen. Die Kontaktzeitkurve ist nur eine andere Darstellung der Temperaturkurve. Ihre Entstehung läßt sich so erläutern, daß die Fläche unter der Temperaturkurve in unendlich schmale, in Abszissenrichtung laufende, paralelle Streifen aufgeteilt wurde. Diese Streifen müssen dann so nach links verschoben werden, daß ihre Anfänge in die Ordinate fallen. Jeder Abszissenwert der Kontaktzeitkurve gibt an, wie lange die Temperatur des Meßelementes sich auf den betreffenden Kontakt-Temperaturwert oder darüber befand. Kontaktzeitkurven lassen sich meist in zwei markante Bereiche unterteilen. Den rechten Teil des Diagrammes nimmt ein Anstieg unterschiedlicher Steilheit ein, dem Aussagen über den Ablauf des Aufheizvorganges in der Ware zu entnehmen sind. Die Aufheizzone nimmt im allgemeinen 10 bis 40% der gesamten Diagrammlänge ein. Der restliche Diagrammteil könnte als Reaktionszone bezeichnet werden. Hier sind die hohen Temperaturen wirksam, die den Ablauf der gewünschten Veredelungsprozesse bewirken. Der Übergang vom Aufheizgebiet zum Reaktionsbereich ist immer allmählich. Eine exakte Grenze läßt sich nur selten genau, oft gar nicht angeben. Zur besseren Beschreibung der Kurven soll im folgenden dennoch von den genannten Bereichen gesprochen werden. Es hat sich als zweckmäßig erwiesen, Kontaktzeitkurven für die Beobachtung des Thermosolvorganges mit einem Temperaturwert von 150°C beginnen zu lassen, das heißt die niedriger liegenden Temperaturen nicht zu berücksichtigen. Der Grund hierfür liegt einmal darin, daß nach Ansicht vieler Fachleute die tieferliegenden Temperaturen für die so erzielten Vorgänge von untergeordneter Bedeutung sind. Zum anderen jedoch fallen diese Temperaturen in die Aufheizbereiche der Maschine und sind, wie im Zuge der Fehlerbetrachtung erläutert, mit größeren Fehlern behaftet. Das obere Ende der Kontaktzeitkurve erreicht die Ordinate im höchsten Temperaturwert, der während der Messung festgestellt wurde. Wird die Maschine nicht mit Thermosolierungstemperaturen gefahren, sondern sind niedrigere Werte eingestellt, so sollte die Kontaktzeitkurve etwa bei 75% der Solltemperatur beginnen.

Es ist zweckmäßig, Kontaktzeitkurven nicht auf Grund einer einzigen Temperaturkurve zu zeichnen, sondern auch hier sollten Mittelwertbildungen vorgenommen werden. Das ist durch Ausmittelung der den Temperaturdiagrammen entnommenen Zeitwerte leicht möglich. Allerdings ist dabei bei einigen Rahmen die Schwierigkeit der Warengeschwindigkeitseinstellung, die im Abschnitt 5 geschildert wurde, zu berücksichtigen. Für jede Messung muß ein Korrekturfaktor angewendet werden, der sich aus dem Verhältnis der tatsächlich gefahrenen, zu einer für alle auszumittelnden Versuche gleichen Sollgeschwindigkeit errechnet. Während sich den Temperaturkurven Angaben über die Funktion des Spannrahmens, über die Größe eventuell vorhandener Temperaturabweichungen und über ihre Lage entnehmen lassen, während diese Art der Aufzeichnung also Hinweise für Änderungen an der Maschine ergibt, vermittelt das Kontaktzeitdiagramm Daten über die Größe des der Ware gemachten Angebotes an Wärmeenergie unabhängig davon, an welcher Stelle des Rahmens dieses erfolgte. Das Kontaktzeitdiagramm erscheint danach zweckmäßig für die Beurteilung der Wirkung des untersuchten Spannrahmens auf die Ware und des Ausfalls der angestrebten Veredelungsprozesse.

Mit den Abb. 26 und 27 auf S. 50 und 51 sind zwei, jeweils aus vier Messungen gemittelte Kontaktzeitkurvenscharen für verschiedene Rahmen wiedergegeben, aus denen deutlich entnommen werden kann, wie unterschiedlich das Verhalten von verschiedenen Spannrahmen oft ist. Die unterschiedliche Höhe beider Kurven ist an sich ohne Bedeutung, denn bei den Versuchen waren an den Rahmen verschiedene Solltemperaturen eingestellt. Allerdings ist die Abweichung der erreichten Höchsttemperatur von der Solltemperatur bei beiden Messungen wiederum unterschiedlich. Es hat sich als zweckmäßig erwiesen, die Solltemperaturen bei den Kontaktzeitdiagrammen, so wie das in Abb. 26 und den folgenden geschehen ist, zu vermerken.

Abb. 26 weist ein deutliches Abweichen der Warenmitte von den Warenkanten aus, und zwar ist das Wärmeangebot in der Warenbahnmitte zu groß. Entgegengesetzt liegen die Verhältnisse für die Warenmitte in Abb. 27. Hier ist mit einem Überheizen der Kanten zu rechnen. Auch bezüglich der Form unterscheiden sich beide genannten Kontaktzeitkurven erheblich. Die Abb. 26 weist im Bereich niedrigerer Temperatur, das heißt im rechten Diagrammteil, eine relativ enge Krümmung auf, steigt dann nach links fortschreitend langsam an und endet in einem schlanken Bogen nach oben. Dieser Verlauf läßt sich so deuten, daß nur ein kleiner Teil der Rahmenlänge für Aufheizvorgänge benötigt wird. Die Aufheizung ist schnell beendet, die Reaktionstemperaturen können deshalb relativ lange wirksam sein. Der Aufschwung im linken Diagrammbereich bedeutet, daß die ganz hohen Temperaturen nur in wenigen und kurzen Maschinenbereichen wirksam waren. Im Gegensatz dazu ist in Abb. 26 bei den niedrigeren Temperaturen und großen Zeiten ein flacherer Anstieg und größerer Radius des Bogens sichtbar. Daran schließt sich ein bis zur Ordinate fast geradliniger, ansteigender Verlauf. Bei diesem Rahmen geht das Aufheizen der Ware langsamer vor sich und wird nur allmählich beendet. Die Reaktionstemperaturen wirken mit Zeiten, die in etwa umgekehrt proportional der Temperaturhöhe sind, ein. Abb. 28 auf S. 51 zeigt eine Schar von Kontaktzeitkurven eines Rahmens für verschiedene Solltemperatureinstellungen. Die Kurven dieses Diagrammes, das abweichend von den anderen Beispielen bei einem Temperaturwert von 110°C beginnt, zeigen einen sehr geordneten Verlauf. Sie wurden jeweils aus vier Messungen mit je fünf Elementen gemittelt. Die Unterschiede bezüglich ihrer Form sind nur gering. Der Übergang vom Aufheiz- zum Reaktionsbereich ist bei den Kurven hoher Solltemperatur etwas schneller als bei den niedrigeren. Die Grenze zwischen den beiden Zonen verschiebt sich mit steigender Solltemperatur zu kleineren Zeiten für den Reaktionsvorgang. Der Abstand zwischen den Reaktionsästen ist etwas kleiner, als es der Solltemperaturstufung entsprechen müßte. Bei 170°C kommen sich der eingestellte Sollwert und die erreichte Höchsttemperatur nahe. Im darüberliegenden Gebiet werden die gewünschten Werte nicht erreicht, bei 150°C und 160°C dagegen überschritten. Bei allen Kurven ist der Reaktionsast für kleine Zeiten nach oben gekrümmt. Das Gebiet dicht unterhalb der eingestellten Temperaturwerte wird also zeitlich etwas benachteiligt.

Auch Veränderungen in der Maschineneinstellung lassen sich bezüglich ihrer Auswirkung auf das Wärmeangebot im Rahmen durch Kontaktzeitkurven darstellen. Die Abb. 29 auf S. 52 gibt hierfür ein Beispiel. Beide Kurven wurden aus je vier Temperaturmessungen mit je drei Elementen gemittelt und zeigen, daß das Öffnen bzw. Schließen einer Luftleitklappe im Etagenrahmen von Einfluß auf die Kontaktzeitkurven ist. Bei geöffneter Klappe werden höhere Temperaturen bzw. längere Zeiten erreicht als bei geschlossener Klappe. Die Aufheizung erfolgt schneller, der Übergang zwischen beiden Bereichen rückt etwas nach rechts, die Endtemperatur steigt an. Das Öffnen der genannten Klappe bewirkte also, daß die dem Rahmen zugeführte Heizenergie der Ware im erhöhten Maße zugute kam. Der Einfluß einer zusätzlichen Luftleiteinrichtung auf die Temperaturverhältnisse in einem Etagenrahmen wird in Form einer Kontaktzeitkurve mit Abb. 30 auf S. 52 wiedergegeben. Während im unteren Temperaturgebiet sich beide Kurven decken, trennen sie sich bei etwa 195°C. Mit eingebauter Einrichtung werden über diesen Bereich bis etwa 218°C längere Kontaktzeiten erreicht als ohne die Einrichtung. Oberhalb 218°C decken sich beide Kurven. Die Einrichtung bewirkt demnach, daß ein Teil der Heizluft im Rahmen aus Bereichen, die auf die Warenbahn ohne Einfluß sind, abgezogen wird und zur Aufheizung etwas niedrigerer Temperaturbereiche dient. Der Verlauf der Kontaktzeitkurve im unteren Reaktionsgebiet wird also infolge der Zusatzeinrichtung angehoben, ein Einfluß auf das Aufheizgebiet ist nicht gegeben.

Es sind noch weitere Auswertmöglichkeiten denkbar, die von den Kontaktzeitkurven ausgehen. Einmal könnte, durch Differenzieren der Kontaktzeitkurve, festgestellt werden, wie lange die Ware auf jedem einzelnen Temperaturniveau gehalten wurde und zum anderen durch Integration ein Produkt aus Temperatur und Zeit ermittelt werden, das in etwa den Charakter einer Wärmemenge hat. Beide Methoden wurden im Rahmen der Durchführung des Vorhabens erprobt. Es konnte den Ergebnissen jedoch kein praktischer Wert abgewonnen werden, der den erhöhten Arbeitsaufwand bei der Auswertung gerechtfertigt hätte. Das liegt wahrscheinlich daran, daß zunächst nicht bekannt ist, wie die Größe der Kontaktzeiten bei verschiedenen Temperaturen zu bewerten ist. Mit Sicherheit hat zu gelten, daß auch längste Kontaktzeiten bei zu niedrigen Temperaturen nicht zu der erhofften Wirkung in der Ware führen, während andererseits zu hohe Temperaturen auch bei sehr kurzen Einwirkungszeiten zu Fehlergebnissen führen können. Die Klärung dieser Frage lag nicht im Rahmen der Aufgabe des durchgeführten Vorhabens.

Es liegt nahe, einen Kennwert für die Wärmewirkung eines Spannrahmens, etwa nach Art eines Gütegrades, zu bestimmen. Als solcher bietet sich das Verhältnis der Fläche unter der Kontaktzeitkurve zu einer Idealfläche an. Da jedoch, wie vorstehend schon angedeutet, den unterschiedlichen Temperaturwerten bezüglich ihrer Wirksamkeit unterschiedliche Kontaktzeiten zugeordnet werden müssen, wird die optimale Kontaktzeitkurve nicht ein Rechteck, sondern wahrscheinlich ein Trapez sein, dessen Dachschräge so zu wählen ist, daß Temperaturabweichungen ihrem Niveau entsprechend bewertet werden. Da hierfür jedoch zur Zeit noch Unterlagen fehlen, dürfte die Angabe eines einfachen Gütewertes für Heißbehandlungsmaschinen in der Textilausrüstung vorerst nicht zu verwirklichen sein.

8. Zusammenfassung

Eine zur Messung des zeitlichen Temperaturverlaufes in Gewebebahnen während einer Heißbehandlung entwickelte und erprobte Methode wird beschrieben, der Aufbau der eingesetzten Meßeinrichtung geschildert, die Fehlermöglichkeiten diskutiert, der zu erwartende Fehler abgeschätzt, charakteristische Meßergebnisse dargestellt sowie Methoden der subjektiven und objektiven Versuchsauswertung angegeben und an praktischen Beispielen erläutert.

Die beschriebene Meßmethode bedient sich der thermoelektrischen Temperaturmessung, wobei, auf einem Testgewebe befestigt, gleichzeitig mehrere nebeneinanderliegende Thermoelemente durch die zu untersuchende Maschine geschickt werden. Sie ist nur bei trockener Wärmeeinwirkung anwendbar.

9. Literaturverzeichnis

VDE/VDI, Technische Temperaturmessung. VDI-Verlag, Düsseldorf 1967.

Möller, F., Oberflächenmessung der Temperatur. Archiv für Technisches Messen (1949), Lieferung 162 S., T 53–54.

Prinz, W., Anzeigevermögen und Anzeigefunktion von Thermometern. Allgemeine Wärmetechnik 10 (1961), S. 85–91.

Lieneweg, F., Übergangsfunktionen (Anzeigeverzögerung) von Thermometern, Aufnahmetechnik, Meßergebnisse, Auswertung. Archiv für Technisches Messen (1964), Lieferung 340 S., R 46–53.

Lieneweg, F., Temperaturmessung. Handbuch der technischen Betriebskontrolle, Band 3, Physikalische Meßmethoden, 3. Auflage, Leipzig 1959.

Textilforschungsanstalt Krefeld, Die Messung von Gewebetemperaturen mittels Temperaturstrahlung. Forschungsbericht des Landes NRW, Nr. 199, Köln und Opladen 1955.

Beckstein, H., Messung der Gewebetemperatur. Textilveredlung 1 (1966), Nr. 11, S. 575–580.

Liebler, E., Temperaturmessung und -regelung am Spannrahmen. Textilveredlung 1 (1966), Nr. 1, S. 626–630.

Slater, K., und N. H. Chamberlain, Measurement of cloth surface temperatures in textile dreying equipment (Messung der Gewebe-Oberflächentemperatur in Textiltrocknern). Canad. Textile J. 84 (1967), Nr. 1, S. 555–560.

Anhang

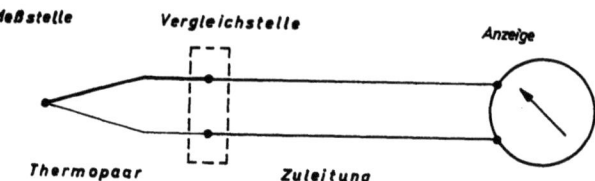

Abb. 1 Schaltbild eines einfachen thermoelektrischen Thermometers mit Vergleichsstelle

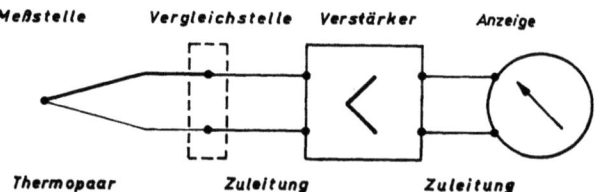

Abb. 2 Thermoelektrische Temperaturmessung im Ausschlagverfahren mit Meßverstärker

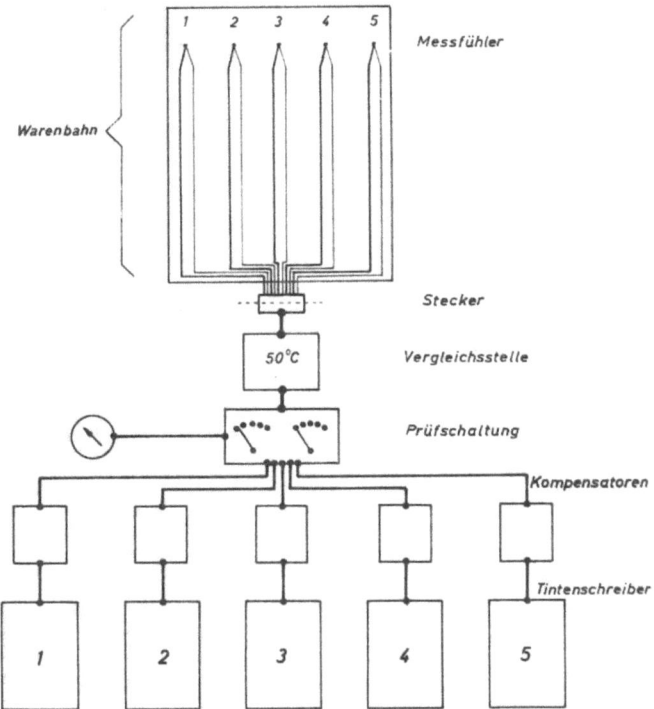

Abb. 3 Schematische Darstellung der verwendeten Meßeinrichtung

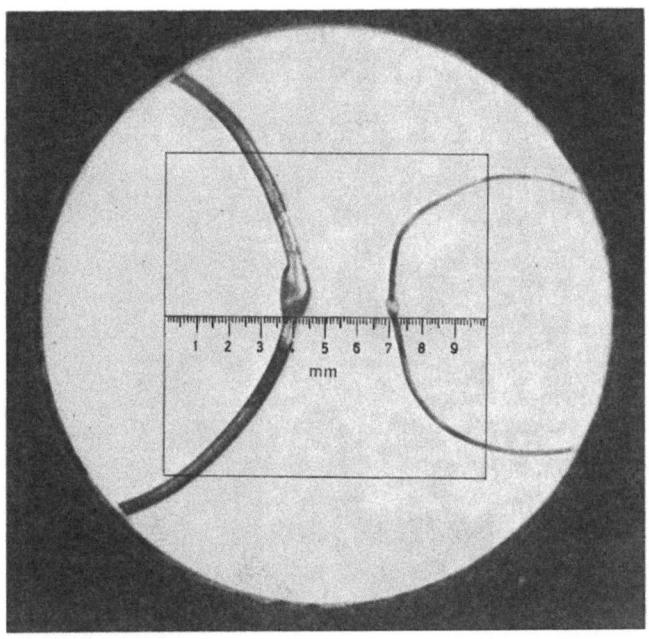

Abb. 4 Makroaufnahme je eines Thermoelementes aus 0,5 und 0,2 mm starken Drähten mit Vergleichsmaßstab

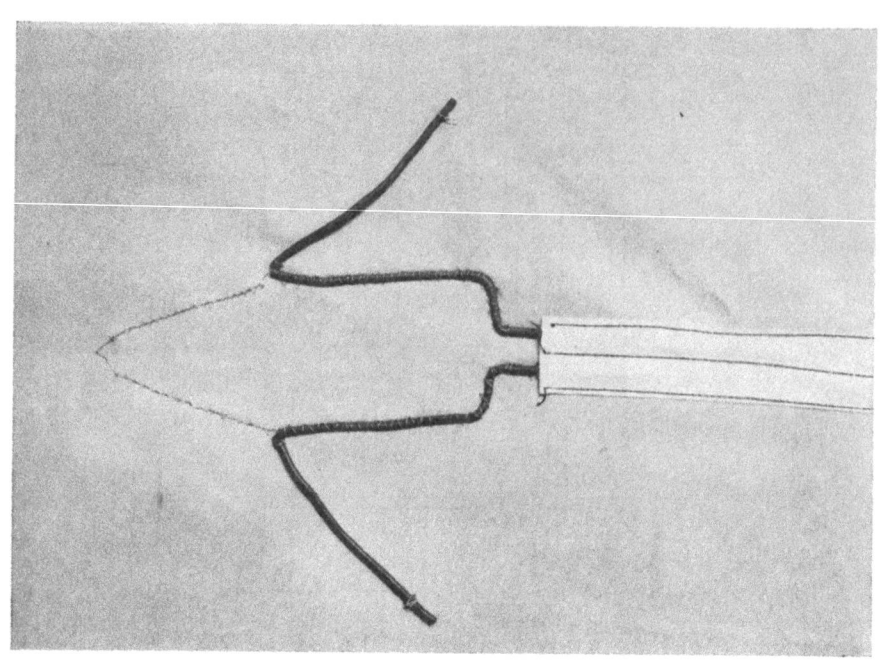

Abb. 6 Aufgenähtes Thermoelement aus 0,2 mm starken Drähten, Zuleitung aus Litze, durch Band geschützt

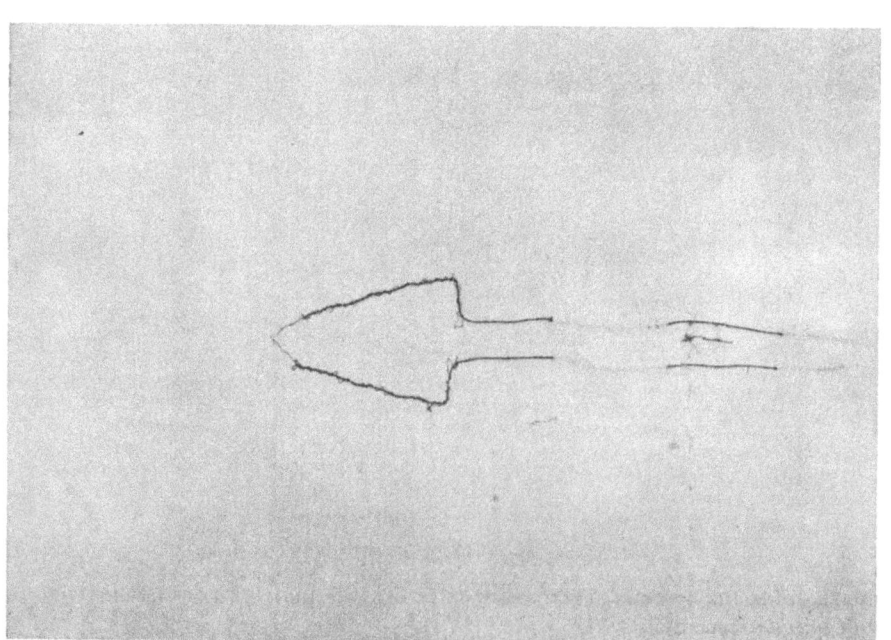

Abb. 5 Aufgenähtes Thermoelement aus 0,2 mm starken Drähten, Leitungen freiliegend

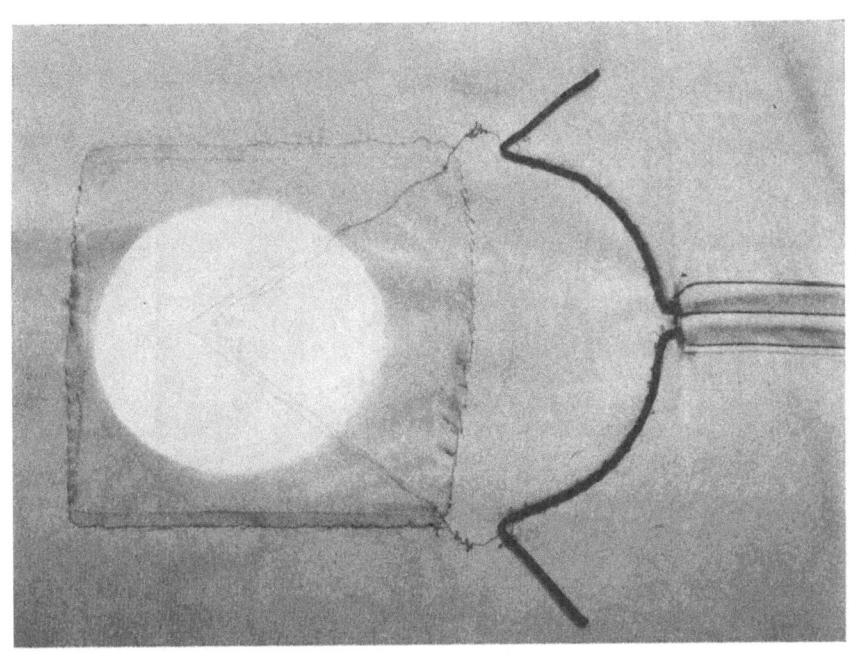

Abb. 8 Vorgefertigtes Thermoelement in Warenbahn eingenäht und mit Zuleitung verbunden – Heller Fleck im Durchlicht

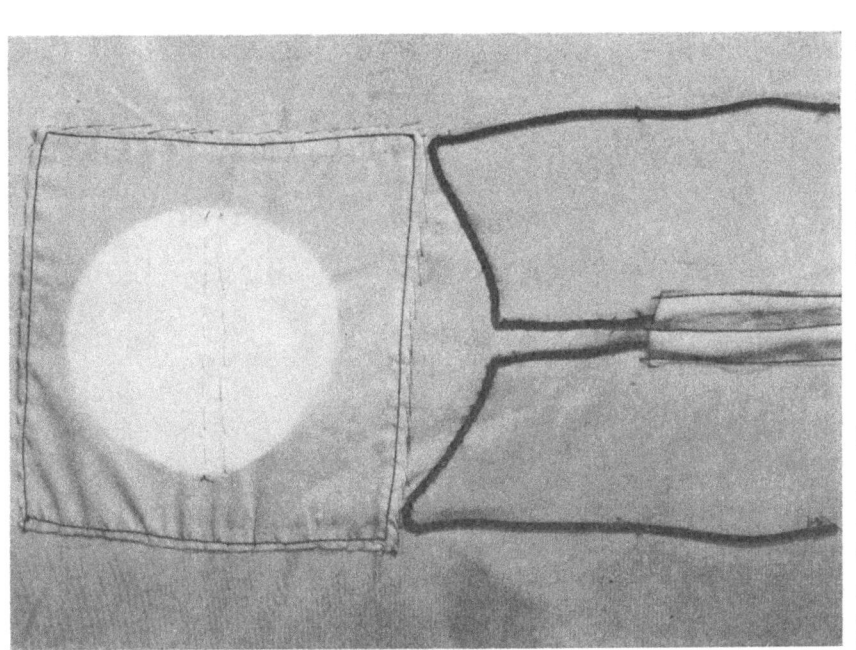

Abb. 7 Bedecktes Thermoelement – Heller Fleck im Durchlicht

Abb. 9 Fahrbarer Meßaufbau mit fünf Tintenschreibern und Kompensatoren sowie einer Vergleichsstelle

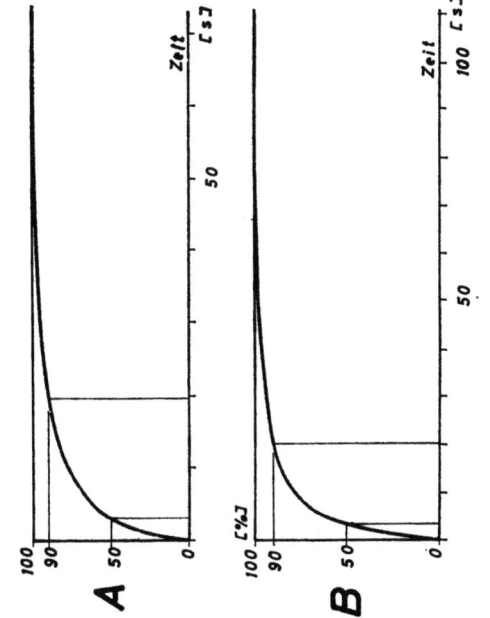
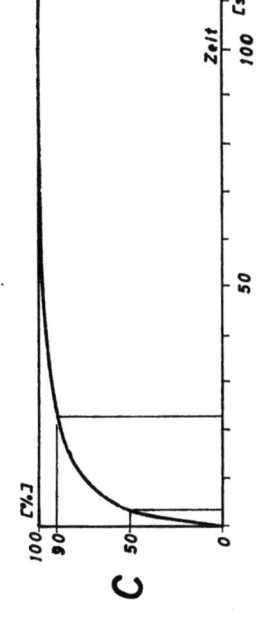

Abb. 11 Zeitverhalten des Thermoelementes aus 0,5 mm starken Drähten bei einem Temperatursprung
A Thermoelement allein
B Thermoelement mit Kompensator und Universalschreiber
C Thermoelement mit Kompensator und Spezialschreiber

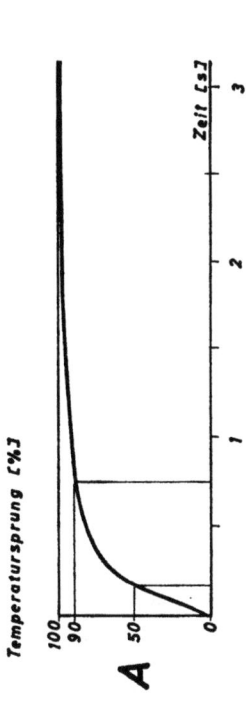
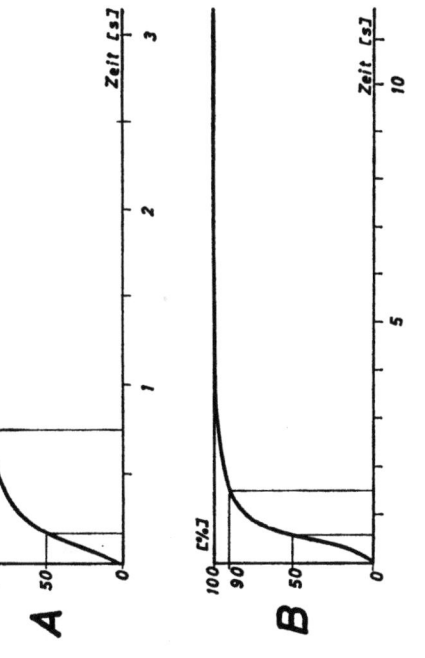
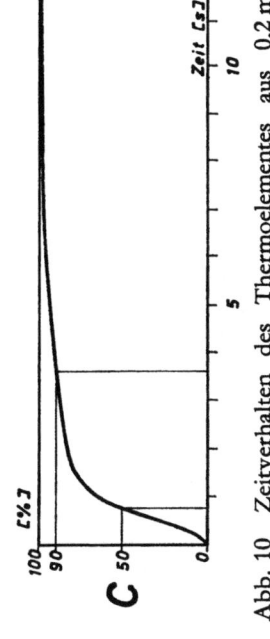
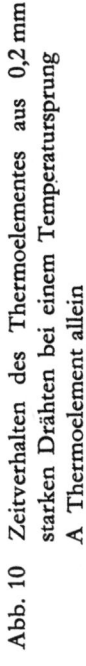

Abb. 10 Zeitverhalten des Thermoelementes aus 0,2 mm starken Drähten bei einem Temperatursprung
A Thermoelement allein
B Thermoelement mit Kompensator und Universalschreiber
C Thermoelement mit Kompensator und Spezialschreiber

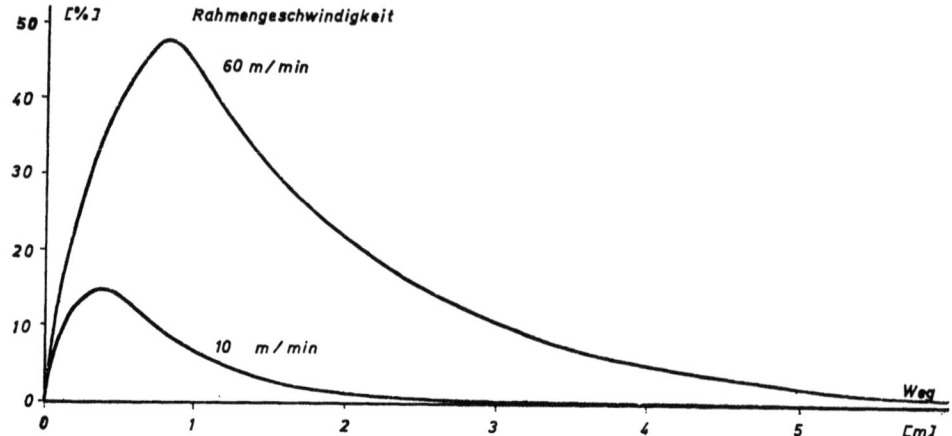

Abb. 12 Meßfehler infolge des Zeitverhaltens der Apparatur bei zwei verschiedenen Arbeitsgeschwindigkeiten des Rahmens, dargestellt über der Rahmenlänge, am Rahmeneinlauf beginnend

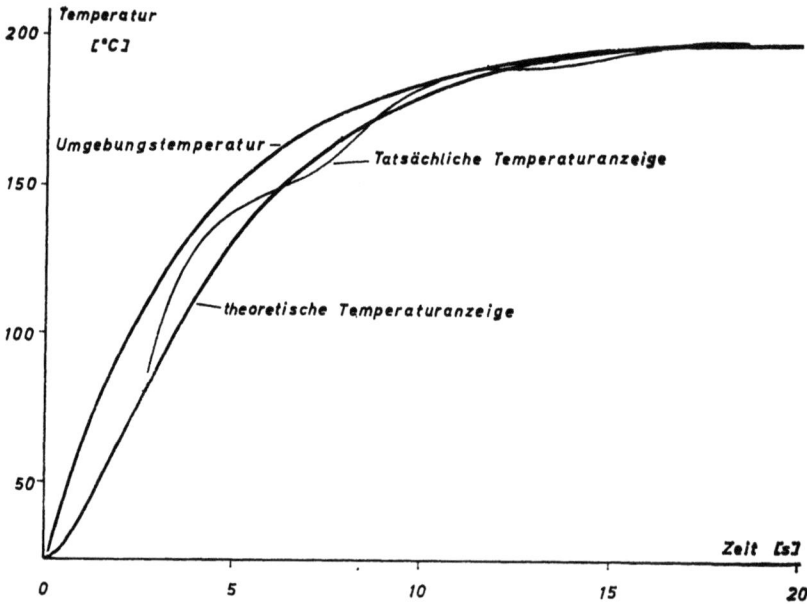

Abb. 13 Temperaturverlauf über der Zeit beim Einlaufen einer Ware in den Spannrahmen

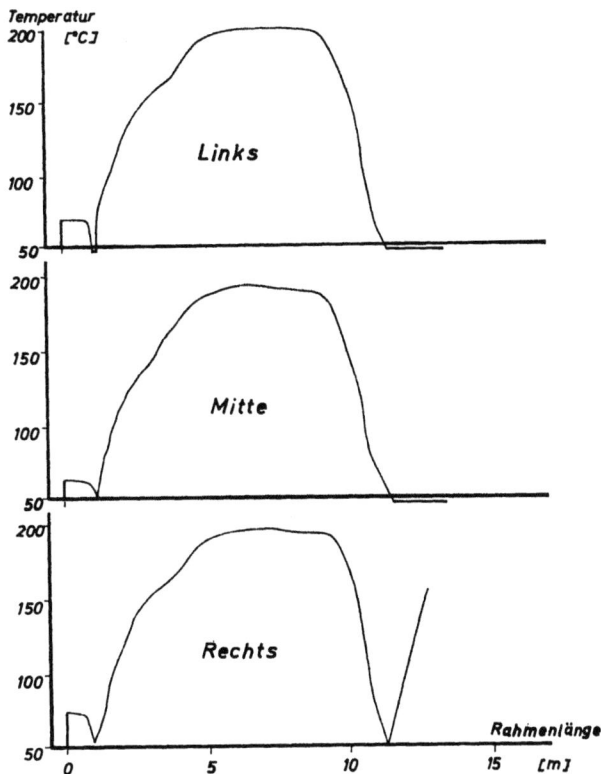

Abb. 14 Verlauf einer Temperaturmessung mit drei Meßstellen
Thermoelemente: 0,2 mm Durchmesser, freiliegend
Zuleitungen: 0,2 mm Durchmesser

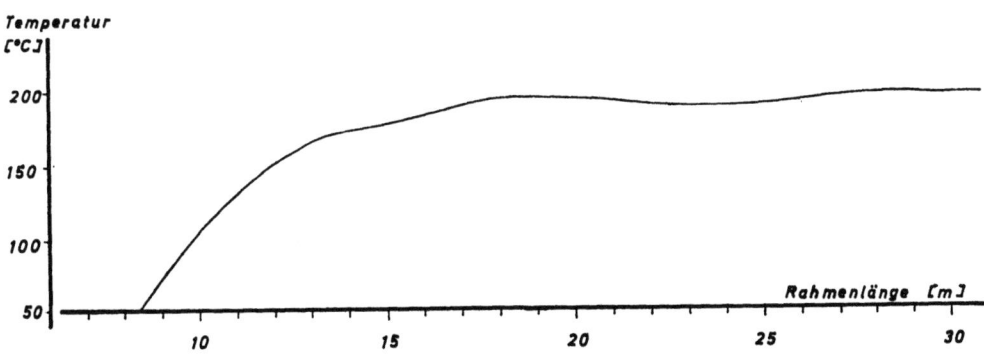

Abb. 15 Temperaturmessung an Etagenrahmen mit vier Etagen zu zwei Fixierfeldern. Die ersten drei Felder wurden erfaßt
Messung an der linken Warenkante, Unterseite
Elektroheizung
Solltemperatur: 215°C
Thermoelemente: 0,5 mm Durchmesser, bedeckt
Zuleitungen: 0,5 mm Durchmesser

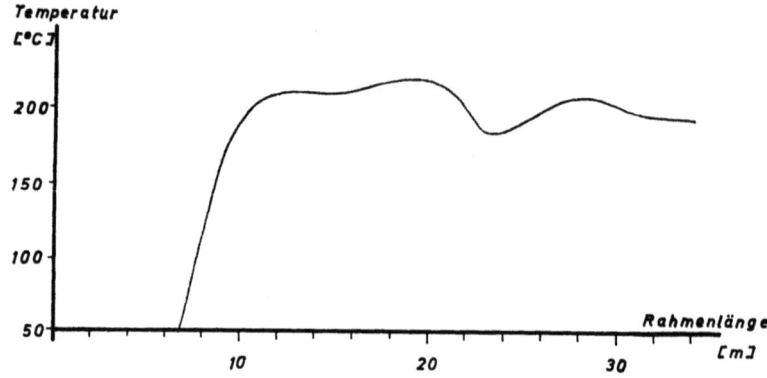

Abb. 16 Temperaturmessung am Etagenrahmen mit vier Etagen zu zwei Fixierfeldern. Die ersten drei Felder wurden erfaßt
Messung an der linken Warenkante, Unterseite
Elektroheizung
Solltemperatur: 215°C
Thermoelemente: 0,5 mm Durchmesser, freiliegend
Zuleitungen: 0,5 mm Durchmesser

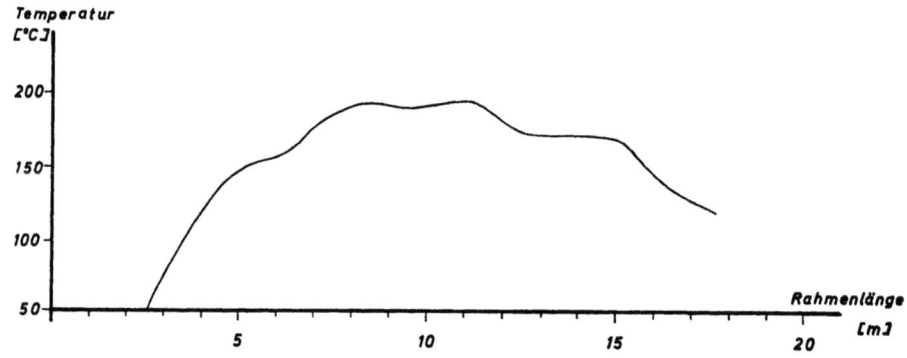

Abb. 17 Temperaturmessung am Planrahmen mit vier Feldern, davon zwei Fixierfelder
Messung in der Warenmitte, Unterseite
Dampfheizung
Solltemperatur: 190°C
Thermoelemente: 0,5 mm Durchmesser, freiliegend
Zuleitungen: 0,5 mm Durchmesser

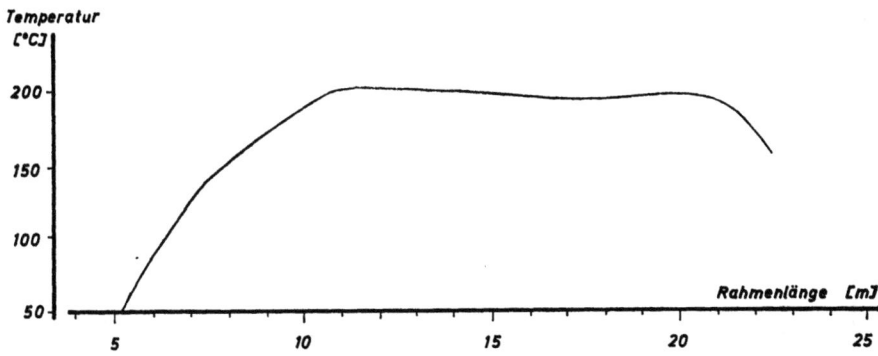

Abb. 18 Temperaturmessung am breiten Planrahmen
Messung an der rechten Kante, Oberseite
Dampfheizung
Solltemperatur: 200°C
Thermoelemente: 0,5 mm Durchmesser, freiliegend
Zuleitungen: 0,5 mm Durchmesser

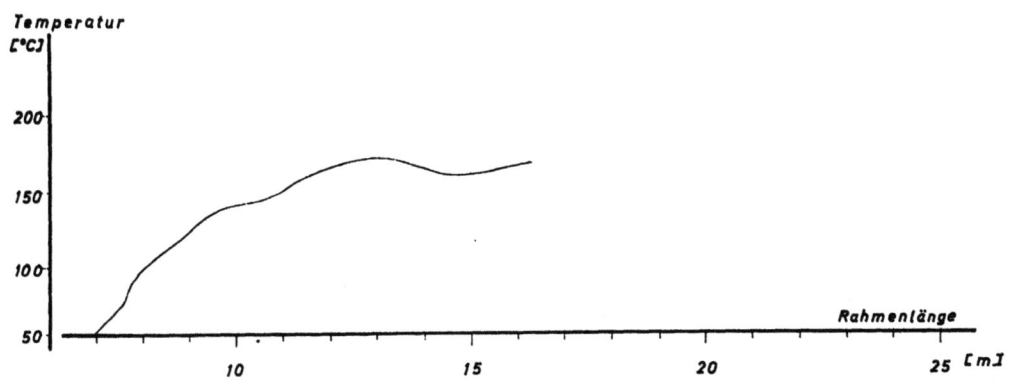

Abb. 19 Temperaturmessung am Etagenrahmen mit zwei Etagen zu zwei Fixierfeldern.
Erfaßt wurden dreieinhalb Felder
Messung an der linken Kante, Unterseite im Einlauf
Elektroheizung
Solltemperatur: 190°C
Thermoelemente: 0,2 mm Durchmesser, freiliegend
Zuleitungen: 0,2 mm Durchmesser

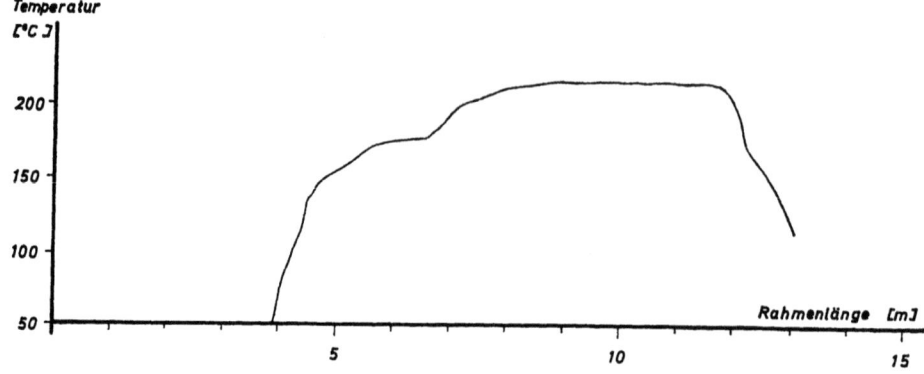

Abb. 20 Temperaturmessung am Planrahmen mit vier Fixierfeldern
Messung an der linken Kante, Oberseite
Kombinierte Dampf- und Elektroheizung
Solltemperatur: 220°C
Thermoelemente: 0,2 mm Durchmesser, freiliegend
Zuleitungen: 0,2 mm Durchmesser

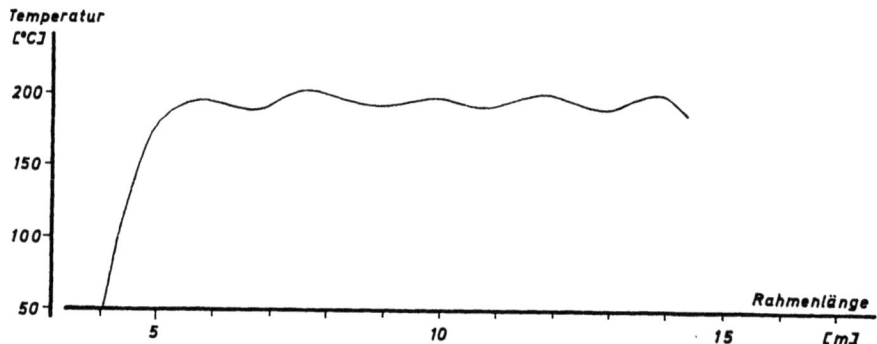

Abb. 21 Temperaturmessung am Planrahmen mit fünf Fixierfeldern
Messung an der linken Kante
Direkte Ölbeheizung
Solltemperatur: 205°C
Thermoelemente: 0,2 mm Durchmesser, verdeckt
Zuleitung: 48×0,2 mm Durchmesser

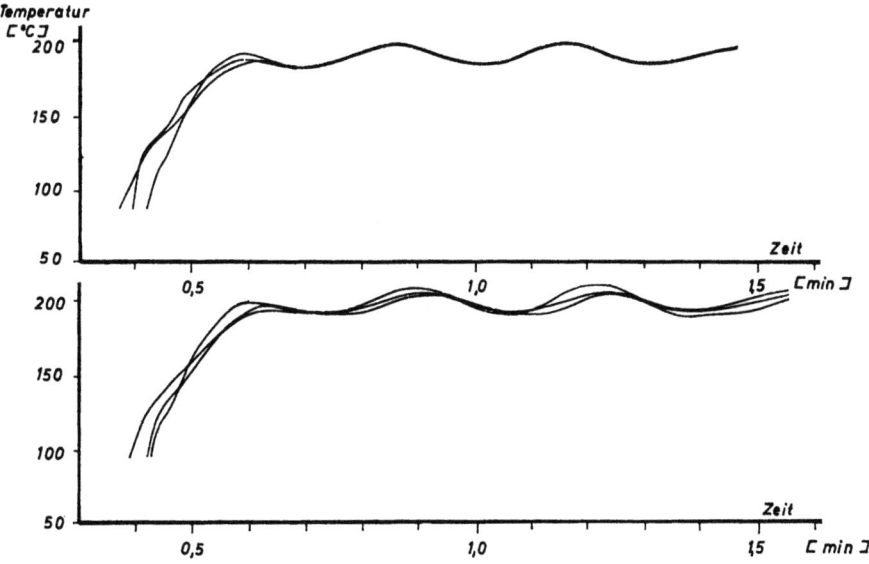

Abb. 22 Vergleich zweier zeitlich nacheinander am gleichen Planrahmen unter den gleichen Bedingungen gefahrenen Messungen
Je eine Linie jeder Messung gehört zu den Warenkanten und der Mitte

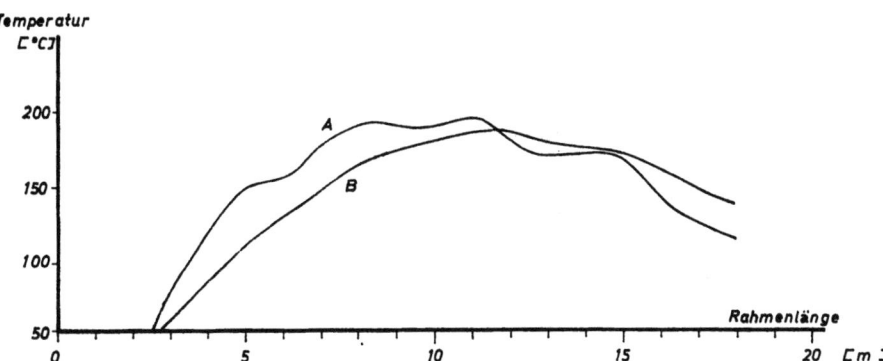

Abb. 23 Vergleich von Messungen mit freiliegenden (A) und bedeckten (B) Elementen unter sonst gleichen Bedingungen

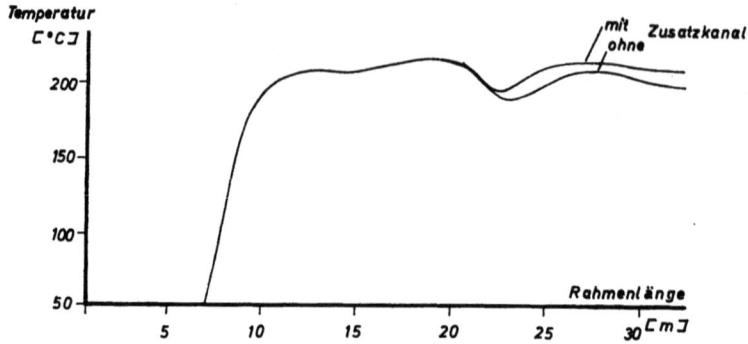

Abb. 24 Nachweis des Einflusses einer zusätzlichen Luftführung im Etagenrahmen mit Hilfe subjektiv gemittelter Temperaturkurven

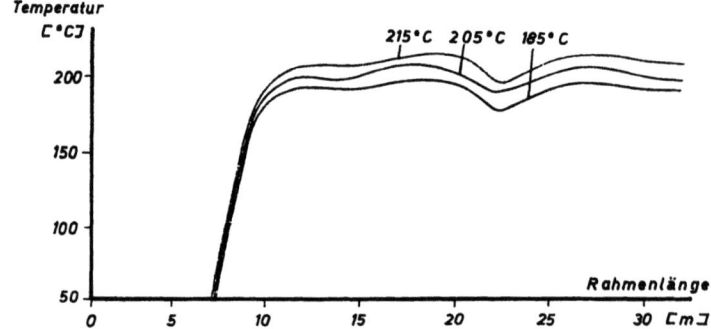

Abb. 25 Subjektiv gemittelte Temperaturkurven des gleichen Etagenrahmens zur Darstellung des Einflusses verschiedener Solltemperaturen

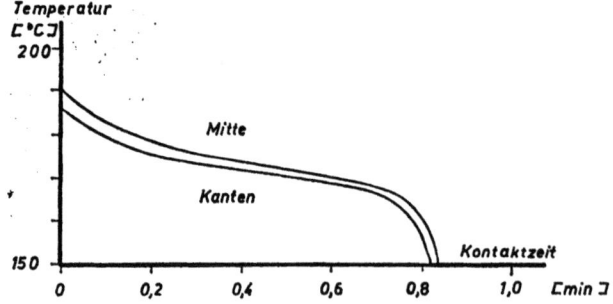

Abb. 26 Kontaktzeitkurven zum Nachweis von Temperaturabweichungen über die Warenbreite. Die Mitte ist überheizt
Solltemperatur: 190° C

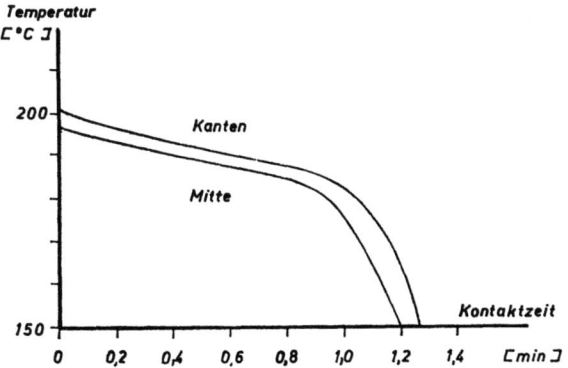

Abb. 27 Kontaktzeitkurven zum Nachweis von Temperaturabweichungen über die Warenbreite. Die Kanten sind überheizt
Solltemperatur: 200°C

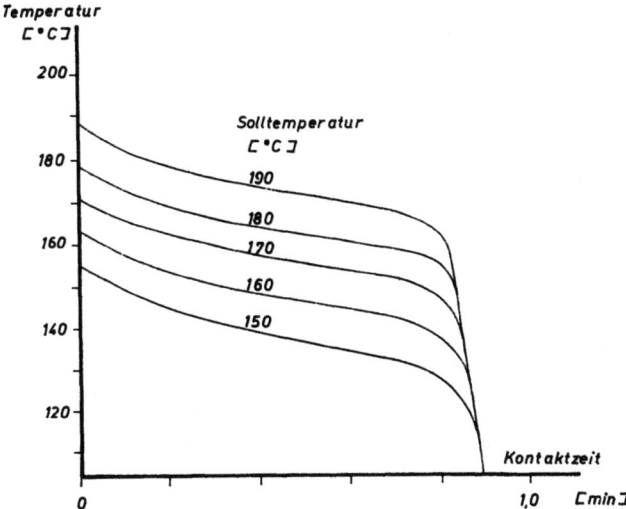

Abb. 28 Kontaktzeitkurven des gleichen Spannrahmens bei verschiedenen Solltemperaturen

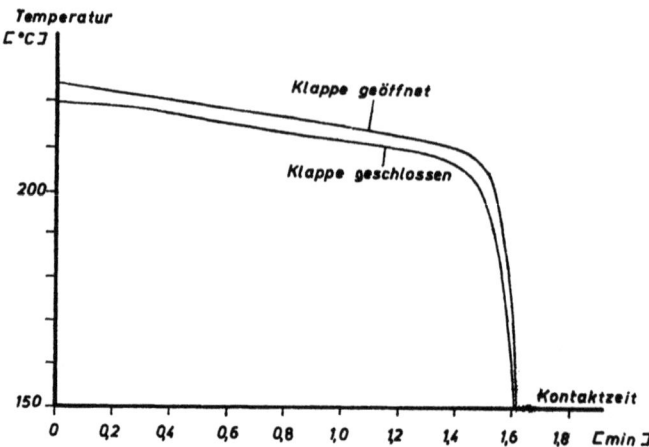

Abb. 29 Veränderung des Wärmeangebotes im Etagenrahmen durch Umstellung einer Luftleitklappe, dargestellt als Kontaktzeitkurve
Solltemperatur: 215°C

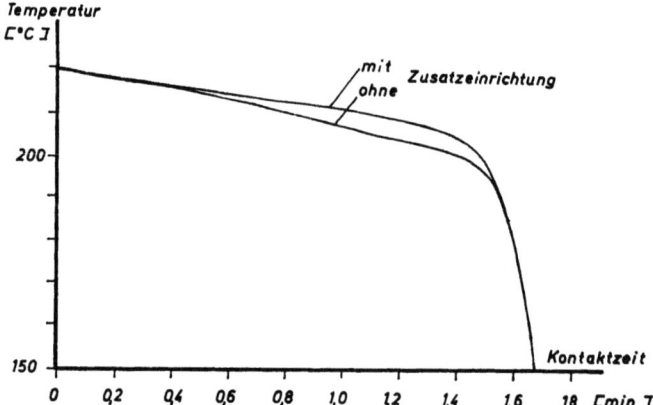

Abb. 30 Erhöhung des Wärmeangebotes im Etagenrahmen durch Einbau einer zusätzlichen Luftleiteinrichtung, dargestellt als Kontaktzeitkurve
Solltemperatur: 215°C

Forschungsberichte des Landes Nordrhein-Westfalen

Herausgegeben im Auftrage des Ministerpräsidenten Heinz Kühn
von Staatssekretär Professor Dr. h. c. Dr. E. h. Leo Brandt

Sachgruppenverzeichnis

Acetylen · Schweißtechnik
Acetylene · Welding gracitice
Acétylène · Technique du soudage
Acetileno · Técnica de la soldadura
Ацетилен и техника сварки

Arbeitswissenschaft
Labor science
Science du travail
Trabajo científico
Вопросы трудового процесса

Bau · Steine · Erden
Constructure · Construction material ·
Soil research
Construction · Matériaux de construction ·
Recherche souterraine
La construcción · Materiales de construcción ·
Reconocimiento del suelo
Строительство и строительные материалы

Bergbau
Mining
Exploitation des mines
Minería
Горное дело

Biologie
Biology
Biologie
Biologia
Биология

Chemie
Chemistry
Chimie
Quimica
Химия

Druck · Farbe · Papier · Photographie
Printing · Color · Paper · Photography
Imprimerie · Couleur · Papier · Photographie
Artes gráficas · Color · Papel · Fotografía
Типография · Краски · Бумага · Фотография

Eisenverarbeitende Industrie
Metal working industry
Industrie du fer
Industria del hierro
Металлообрабатывающая промышленность

Elektrotechnik · Optik
Electrotechnology · Optics
Electrotechnique · Optique
Electrotécnica · Optica
Электротехника и оптика

Energiewirtschaft
Power economy
Energie
Energía
Энергетическое хозяйство

Fahrzeugbau · Gasmotoren
Vehicle construction · Engines
Construction de véhicules · Moteurs
Construcción de vehículos · Motores
Производство транспортных средств

Fertigung
Fabrication
Fabrication
Fabricación
Производство

Funktechnik · Astronomie
Radio engineering · Astronomy
Radiotechnique · Astronomie
Radiotécnica · Astronomía
Радиотехника и астрономия

Gaswirtschaft
Gas economy
Gaz
Gas
Газовое хозяйство

Holzbearbeitung
Wood working
Travail du bois
Trabajo de la madera
Деревообработка

Hüttenwesen · Werkstoffkunde
Metallurgy · Materials research
Métallurgie · Matériaux
Metalurgia · Materiales
Металлургия и материаловедение

Kunststoffe
Plastics
Plastiques
Plásticos
Пластмассы

Luftfahrt · Flugwissenschaft
Aeronautics · Aviation
Aéronautique · Aviation
Aeronáutica · Aviación
Авиация

Luftreinhaltung
Air-cleaning
Purification de l'air
Purificación del aire
Очищение воздуха

Maschinenbau
Machinery
Construction mécanique
Construcción de máquinas
Машиностроительство

Mathematik
Mathematics
Mathématiques
Matemáticas
Математика

Medizin · Pharmakologie
Medicine · Pharmacology
Médecine · Pharmacologie
Medicina · Farmacología
Медицина и фармакология

NE-Metalle
Non-ferrous metal
Metal non ferreux
Metal no ferroso
Цветные металлы

Physik
Physics
Physique
Física
Физика

Rationalisierung
Rationalizing
Rationalisation
Racionalización
Рационализация

Schall · Ultraschall
Sound · Ultrasonics
Son · Ultra-son
Sonido · Ultrasónico
Звук и ультразвук

Schiffahrt
Navigation
Navigation
Navegación
Судоходство

Textilforschung
Textile research
Textiles
Textil
Вопросы текстильной промышленности

Turbinen
Turbines
Turbines
Turbinas
Турбины

Verkehr
Traffic
Trafic
Tráfico
Транспорт

Wirtschaftswissenschaften
Political economy
Economie politique
Ciencias económicas
Экономические науки

Einzelverzeichnis der Sachgruppen bitte anfordern

Westdeutscher Verlag · Köln und Opladen
567 Opladen/Rhld., Ophovener Straße 1–3, Postfach 1620

If you have any concerns about our products,
you can contact us on
ProductSafety@springernature.com

In case Publisher is established outside the EU,
the EU authorized representative is:
**Springer Nature Customer Service Center GmbH
Europaplatz 3, 69115 Heidelberg, Germany**

Printed by Libri Plureos GmbH
in Hamburg, Germany